熟茶

一片茶叶的蝶变与升华

PU-ERH

《普洱》杂志社 编著

中国林业出版社

·北京·

图书在版编目（CIP）数据

熟茶：一片茶叶的蝶变与升华 /《普洱》杂志社编著 . -- 北京：中国林业出版社，2020.12
（2024.5 重印）
ISBN 978-7-5038-9794-8

Ⅰ . ①熟… Ⅱ . ①普… Ⅲ . ①普洱茶－茶文化 Ⅳ . ① TS971.21

中国版本图书馆 CIP 数据核字 (2020) 第 250721 号

出　品：《普洱》杂志社

顾　问：王洪波　何　真
主　编：罗洪波
执　行：黄素贞
设　计：武　洁

编　委：吴建辉　　卢志明　　金容纹　　滕忠东　　陈晓雷　　张广义　　刘泽伟

撰　稿：盛　军　　陈　杰　　阮殿蓉　　杨　凯　　张理珉　　程　听　　周重林　　白马非马
　　　　李　扬　　滕忠东　　段兆顺　　黄素贞　　毕琢雅　　王娅然　　刘　谋　　逸品茶童

出　版：中国林业出版社（100009 北京西城区德内大街刘海胡同 7 号）
网　站：http://www.cfph.net
印　刷：河北京平诚乾印刷有限公司
发　行：中国林业出版社
电　话：（010）83223120
版　次：2020 年 12 月第 1 版
印　次：2024 年 5 月第 7 次
开　本：710mm × 1000mm　1 / 16
印　张：20.25
字　数：350 千字
定　价：98.00 元

序 言

　　一边端详着桌面那 3450 万年前的宽叶木兰化石，一边随心地摆弄着已泡过数遍的茶叶叶脉，突然觉得生长在普洱茶原产地原来是多么的幸福。造物者随意抛下了一粒种子，澜沧江流域的土壤便成为这一粒种子的温床，它一如母体一样繁衍着后辈子孙，不管世纪冰川亚欧大陆的碰撞，还是蛮荒和战争，无以考证是经历多少岁月，还是在某个昌旺的年代被人类认知。它依然粗枝大叶却又修炼得自然而不失高贵，不管你用什么样的器具还是何处水源，总以大和之美，在叶片与汤色中写满中华民族的诗词歌赋。我们感念上苍，将普洱茶这粒种子落在了那一地幸运的山水。

　　时间翻阅着书笺，一片叶子也在柴米油盐酱醋茶中伴随炊烟袅袅，同样在琴棋书画诗酒茶里弹奏着床前明月，演绎了一个又一个朝代。人类的创造力总是超越想象，滚滚长江的智慧，总会在某些时间千古流芳。在离我们很近的 20 世纪 70 年代，这一片叶子有了一次蝶变，那些杰出的匠人让一杯茶汤有了魔法的魅力。从此，那杯红亮的茶汤不用再漫长地等待。我们敬重创造者的精神，我们感叹匠心的高尚。不用化学的分析，也无须物理的实验，就用传统发酵手法，让普洱茶这一片叶子多了些生命的灿烂和浪漫。于是，那些微生物菌群用时间把普洱的茶汤绘成了国画山水，烟雨蒙蒙，却又蕴涵万种风情。熟茶就这样在短暂的时光中温润着我们的口腔，缠绵着我们的岁月。

　　世界总在变迁与创造，一片叶子的福报使得 15 年前横空出世的一本《普洱》为它附魂。15 个春秋，仅为这一杯熟茶，《普洱》的团队记下了无数匠人的故事，寻访到高深的让我们为之惊叹的传统工艺造法，探究到魔法般的微生物梦幻世界，呈现出了不计其数的一款款经典产品。一本《普洱》在时光的穿越中，记录着前世，叙述着今生。《普洱》的团队又用一年时间，用心地将 15 年收集来的有关熟茶的素材铺开，把对熟茶的认知重新梳理，让它形成体系，表明一本专业杂志的立场。虽然在编写的过程中，我相信会有缺憾和不足，但我们一定是百分百的原创，是无数次深入的采访，而非网络化的拼凑。我们只想用专业的视角、专业的态度、走心的手法，为那些爱一杯熟茶的朋友，做一本开卷有益的茶书！让它的面世不是留存而是经典！不负那片千年的叶子，那些匠人的初衷。

罗洪波

2020 年 11 月 16 日

前　言

　　茶叶，从鲜叶到干茶，往往是在一次失水和吸水后，绽放生命最后的精彩。而熟茶的特异之处在于它比其他茶类增加了一次吸水和失水的过程。干茶堆成堆子，洒水、渥堆，在酶促氧化、湿热、微生物菌群等一系列的作用下，完成了生命的蜕变，最后经干燥失水后，以另一种茶性和风味呈现在世人面前。不过是经历了几十或者上百天的时间，生性凛冽、寒凉的晒青毛茶，被"驯服"得平和、温暖，深重的苦涩味，转化成了甘甜滑润，不禁感叹微生物的神奇力量。

　　如果说，现代熟茶工艺的诞生，从1973年算起，那么熟茶的历史已经走了将近半个世纪。也许十几二十年前，你还从未听过"熟茶"两个字，但是并不妨碍这个经过人工湿水发酵的，能泡出红褐色茶汤的茶叶，上百年来都是香港茶楼的必备。

更不妨碍它从 1976 年开始就远销法国，因一纸"埃米尔医学报告"让熟茶的健康功效闻名欧洲，从此"销法沱"风靡欧洲 30 多年。甚至不妨碍它在某个历史时期里独享了"普洱茶"之名。

但是，熟茶在普洱茶复兴前 10 多年里，因为种种原因，一直是落寞的。市场上缺乏好的产品，熟茶也卖不起价，厂家更不愿意用好的原料投入高风险的发酵，整个行业形成了一种恶性循环。但随着市场和消费者对熟茶的认知不断提升后，对熟茶也有了新的追求。追求熟茶不再有堆味、杂味；追求熟茶有更优质的原料；追求熟茶的滋味和口感更加协调；追求熟茶更加清洁卫生；追求熟茶也有老生茶的韵味、生津回甘；追求熟茶有更丰富的香气；追求熟茶有更多的玩味空间……

正是这种孜孜不倦的追求，才推动了普洱茶市场从 10 年前"熟茶靠碰"的怪圈里走出来，越来越多原料优质、工艺精湛、清洁卫生，具备更多后发酵空间的高品质熟茶，成为市场的新宠。那些曾经"黑"熟茶的茶友们，恍然间发现，原来熟茶可以这么精彩！一个个熟茶"黑转粉"的故事，证明了熟茶的无限可能。

这些年，我也一步步演变成了一个不折不扣的熟茶粉丝。每天一泡熟茶，是生活的一部分。在温润的熟茶里，用口腔味蕾去体验甘、醇、滑、厚；用身体去感受温暖、舒畅、健康的能量。

熟茶，是最包容的茶，它温润、平和，可以与各种花草、水果、鲜奶等调和出万千滋味的茶饮。

熟茶，是适应面最广的茶，是有利于全人类健康的发酵食品，无论男女老幼，都能成为日常饮品。

熟茶，是健康价值最大的茶，除了其他茶类有的健康功效，更是在降血脂、降血糖、调节身体代谢方面，有着突出的功效。

熟茶，是可以承载各种发酵工艺的茶，无论是传统大堆发酵、小堆发酵、轻发酵、菌方发酵……终将殊途同归，健康全人类！

《普洱》杂志创刊15年来，始终坚持传播普洱茶的正能量，而熟茶，因其健康价值，已经成为普洱茶消费市场的主体。我们几乎每年都会有关于熟茶的独家关注选题，我们会不失时机地在杂志上刊登有关熟茶的各类文章，这些精彩文章，散落在各期杂志中，渗透到每一个读者的茶生活中。传播至今，熟茶俨然成了茶圈里的品饮风尚，甚至是很多新兴消费者迈入普洱世界的第一杯心动好茶。

"我等待了10年，才等来了熟茶的爆发期！"这是最近一位做熟茶的80后茶人和我说过的让我印象深刻的一句话。熟茶的价值正在被重构，产业也迎来了新的发展。而《普洱》杂志蓄积了15年关于熟茶的正能量，也将被这本《熟茶：一片茶叶的蝶变与升华》顺势引爆。

这本书，汇集了普洱茶界各方人士的智慧、经验和观点。在这本书里，几乎涵盖了你所关注的熟茶的方方面面。专业而不失生动，丰富而不失条理，深度而不失趣味。

如果你是一位熟茶的消费者，关于熟茶的历史、人物、故事、冲泡品饮、收藏品鉴的知识，不仅是你最佳的佐茶"茶点"，还会让你喝懂熟茶，少交学费。

如果你是一位制茶师，这本书可以带你走进熟茶发酵工艺的微观世界，看看神奇的微生物是如何驯服了那生性凛冽的云南大叶种。

如果你是一位经营者，这本书可以让你看到行业的动态、市场的走向、消费的需求……

如果你还没有迈入普洱茶的大门，那你更需要这本书，带给正能量的指引。

期待，《熟茶：一片茶叶的蝶变与升华》能如一杯温润的熟茶一般，滋养你的心灵，健康你的神态，温暖你的茶香人生。

黄素贞

2020 年 11 月 30 日

目录 CONTENTS

摄影/王帮旭

熟茶

茶

进化论

第一章

熟茶进化论

杨凯 / 文

当我们谈论普洱熟茶的时候，我们首先要明白熟茶是一种发酵茶，并且是特指发酵程度很高的渥堆发酵普洱茶。熟茶工艺不是某一天横空出世的，它有自己的演化轨道。在这个演化过程中，它汲取其他茶类的营养，在市场的检验下缓慢成长。现在，就让我们回顾一下这个进化成长的过程吧。

云南发酵茶的前世今生

云南产茶、饮茶的历史很长，但在漫长的饮茶历史中，云南人究竟喝什么茶其实并不明确。比如在明代，产茶的资料很多，但当中留给我们的关于茶叶加工工艺、仓储性状的描述只有少数几条，如徐霞客所说的"炒而复曝"，如李元阳所说的"藏之年久，味愈胜也"。前者是晒青工艺，后者则暗示着越陈越香。我们可以猜测，

这个"味愈胜"的描述，不太可能是描述绿茶似的清香，很可能是指茶汤的滑度和滋味的醇厚。这种厚度和滑感随着时间变得更加饱满的特性是发酵茶的优势。

对茶叶发酵的描述在民国时期多了起来。

我们先看一个号级圆茶——龙马同庆号的大票："本庄向在云南，久历百年，字号所制：普洱督办易武正山阳春细嫩白尖，叶色金黄而厚，水味红浓而芬香，出自天然。今加内票以明真伪。"圆茶的红汤，常常是今人所诟病的一个指标，很多人按当今的工艺推想，七子饼茶的原料应该是不发酵的，也就是说，圆茶的茶汤应该是黄绿，顶多是橙黄，而龙马同庆的内票上竟然写着"叶色金黄而厚，水味红浓而芬香"，明显处处是语病。

如果我们换一个角度来看这段文字，如果当时的号级茶本身就是发酵茶呢？很明显，这段话也就具备了合理性。

这段话的旁证我们可以从 1948 年昆明市茶商业同业公会的一个文件中看到。文中七子圆茶（即七子饼茶）的汤色标准为红汤，它对应今天的哪种茶我们较难猜测，

但有一点可以肯定的是，那时的七子圆茶有一定的发酵度。至于发酵程度的轻重，参照 1957 年西双版纳茶厂（勐海茶厂）的负责人唐庆阳先生的总结："解放（以）来，西双版纳茶厂打破过去雨季中不能加工的做法，提前在三季度雨季中生产侨（销）圆茶。经过一定温湿度人为技术管理，不但控制霉菌生长，而且仍然保持圆茶后发酵滋味醇厚的特点，以应消费者口胃（味）的要求，并加速了产品出厂。"可见，当时的圆茶是做成成品后进行"一定温湿度人为技术管理"的，也就是有一个轻度的后发酵，这种发酵和渥堆发酵相比，发酵程度完全不在同一个数量级上。

我们再看一下该文件中所提到的中档沱茶是深红汤（我们将景谷沱按下关沱茶降一个等级理解——上等景谷对应中等下关，中等景谷对应下等下关），而低档沱茶反倒是淡红汤。可见，两种沱茶都有一定程度的发酵，只是因为用料上中档茶更多使用发酵后汤色深红的毛尖茶，而下等沱茶则更多的使用发酵后汤色较淡的粗配茶做原料的原因。

由于紧茶当时只销往藏区，不经过昆明，因此，该文件中没有紧茶的汤色标准，但是我们在前人留给我们的文字中，可以看到对紧茶发酵工艺更清晰、更准确的记录。

1939 年，范和钧先生来到佛海（今勐海），他的目的是考察西双版纳是否可以建设机械化制茶厂，生产可以外销的茶品，以换取对抗战意义重大的宝贵的外汇。他住在傣学创始人、政客、复兴茶庄庄主李拂一家，李拂一陪同他考察当地的茶叶生产和经济状况。他将调查结果写成《佛海茶业》一文，并由佛海茶厂（勐海茶厂前身）文书周光泽抄写后广泛传播。

我们看看文中对紧茶原料发酵的描述：

"丙、潮茶　一盘灶须高品、梭边各百五十斤，概须潮水，使其发酵，生香，且柔软便于揉制。潮时将拣好茶三四篮（约百五十斤）铺地板上，厚以十寸为度，成团者则搓散之。取水三喷壶（每喷壶之容量为106盎司）匀洒叶上，然后用耙用脚，翻转匀拌，又再铺平，洒水拌搅至三次为止。大约每百斤茶用水六百三十六盎司（约三十斤余），茶与水之比例为七七与三三。潮毕则堆积一隅，使其发酵，热度高时中心达106度，近边约92度。皮面易被风干，故须时加以水，曰被单水。水量为一壶半。如为细茶，则所须水量较次。潮工非熟练不能胜任，水量过多，则茶身易于粘袋破烂，且干后收缩，茶身变小不合卖相。过少则揉时伤手，且分量太重，不适包装转运。底茶绝不能潮水，潮水者内起黑霉，曰中心霉，不堪食用，劳资纠纷时，工人时用此法，为报复资方之计。"

这段文字里包含有太多的工艺细节和技术窍门，比如发酵温度（华氏温度）、加水量、发酵时间、什么茶需要发酵、什么茶不需要发酵等等。这些工艺细节在当时可以说是茶庄或者说是国家的技术秘密。

通过这段文字我们看到，紧茶原料已经具有了渥堆发酵的主要要素，只是堆子小，发酵时间短，发酵度轻。可以说紧茶就是熟茶的前身，但紧茶仍然不是熟茶。

1958年，下关茶厂试验成功紧茶蒸汽高温快速发酵，全程翻堆两次，最多15天，大大缩短了紧茶的发酵时间。但是，这种方法发酵的普洱茶有自己的缺陷，就是味道奇怪，但这种蒸汽后发酵为1975年下关茶厂研制自己的渥堆发酵技术打下基础。

20世纪六七十年代，由于云南普洱茶需要调到广州才能出口，同时，由于运输条件的改善，轻度发酵的云南青茶的老味不够，香港的很多中小茶庄拿不到足够的适合港人饮用的云南普洱茶，他们就想办法用云南普洱茶和越南茶泼水发酵，或仓储处理，创造了自己的港味普洱茶。他们的代表是卢铸勋。卢铸勋的做法："每百斤茶加水20斤，用麻袋覆盖使其发热到75度，翻堆数次，茶约七成干时，装入面粉包，

吊在仓库里。如果茶包太热，倒出来抖一下，再放入包中。"卢铸勋用他自己的方法既可以制作蘑菇头紧茶，也可以制作仿宋聘、同庆、同昌等老字号的七子饼茶，同时，他还扶持泰国张开诚、扬大甲等人的曼谷茗茶厂，制作老六堡、边境普洱茶等茶品。

尽管卢铸勋的茶发酵时间、发酵温度已经接近熟茶的要求，但他的发酵茶是否是熟茶，这还存疑，因为他只是在追求接近老茶，发酵度还未达到熟茶的要求。

云南现代熟茶的诞生

1973 年，云南省茶叶进出口公司（以下简称"云南省茶司"）在广交会（广州出口商品交易会）和来昆明疗养的广东工人处了解到，香港客户需要发酵的普洱茶，这种茶广东有生产，他们决定组织人去广东学习。离云南省茶司最近的昆明茶厂首先在厂内挑选合适的人选，最初他们挑中了陈佩仁，1953 年以前陈佩仁是昆明华盛茶庄的老板，20 世纪 40 年代，他看到马子舆经营的瑞丰茶号制作的普洱茶汤色红艳、味道奇特，有很多在昆的广人都去购买，他就自己试验过发酵普洱茶的制作。这可以看出，当年昆明是有发酵普洱茶卖的，只是消费群体比较小，不为大众所了解罢了。

后来，云南省茶司以陈佩仁是资本家出身，不能去广州出差为由，换成大学生吴启英和 1950 年前在瑞丰卖普洱茶的安增荣。中华人民共和国成立前，安增荣是伙计，也就是劳动人民，出身首先没有问题。最终，省茶叶公司组成了昆明茶厂吴启英、安增荣、李桂英等三人，勐海茶厂邹炳良、曹振兴，下关茶厂两人共七人的出差小组，前往广东的河南茶厂考察学习普洱茶渥堆发酵技术。陈佩仁没去成广州，心里堵着一口气，他向茶厂申请，用自己的传统方法发酵，茶厂批给他 1 吨粗老的青毛茶，他率先生产出当代最早的渥堆熟茶。

去广州的考察学习小组回来后，开始在昆明茶厂大规模试验。试验并不顺利，不顺利的原因是照搬广州的工艺。随后他们分析原因，广州发酵时是洒热水，昆明天气条件和广州不同，也许洒热水是失败的原因。他们将热水换成冷水，很快做成了昆明的发酵产品。这批茶和陈佩仁的 1 吨发酵茶拼合在一起，当年，也就是 1973 年出口到香港。

勐海茶厂、下关茶厂的四位技术人员回厂后也在 1974 年开始试验。最终他们都

没有照搬广州工艺，勐海有勐海的工艺，下关则结合自己紧茶的热发酵工艺，形成自己独特的产品。1974 年，勐海渥堆熟茶试制后开始出口，六级到八级的毛料，渥堆后因汤色达不到要求，被称为云南青；九、十级毛料发酵后汤色、陈味稍好，以 "普洱茶" 之名出口。1975 年，勐海的普洱茶基本定型，他们的七子熟饼（7452、7572）稍后几年开始批量出口。1975 年，下关创制出用渥堆熟茶制作的出口沱茶——7663，由于 1976 年以后大量出口法国，也被坊间称为销法沱。1976 年，昆明茶厂开发出新产品 7581 熟茶砖。这几种产品成了云南省茶司的拳头产品。

由于气候条件不同，菌种不同，三个厂在渥堆时加温水还是冷水，是否用蒸汽，地面的材质，发酵翻堆、开窗通风时间等都不同，工艺差距是较大的。即使是同一个厂，陈佩仁的小堆发酵，也与吴启英他们的大堆发酵不同。

1979 年，在 "全省普洱茶出口加工座谈会" 上，与会代表通过了《云南省普洱茶制造工艺要求（试行办法）》（以下简称《工艺要求》），粗略地规范了全省普洱茶工艺、配料比例、成品重量与规格、包装等项目，规范的标准落实在成品内质上。工艺要求中提出：一般采用青毛茶六至十级作为普洱茶原料。之所以有这一规定，是因为勐海茶厂在生产中发现，六级以下的青毛茶加工的普洱茶汤色难以达到规范中的内质要求，出口时只能以 "云南青" 的名义发货。用较细嫩的茶发普洱茶的方法 20 世纪 80 年代才出现，代表产品是 421 散茶，20 世纪 90 年代才出现宫廷普洱。

《工艺要求》中还有一条，就是普洱茶要存放三个月到半年才能销售，这是根据港商和外商的要求而制定的。1974 年，云南省茶叶进出口公司就开始试验在防空洞存放茶叶。

至此，普洱茶完成了从原生态的无采造法，到圆茶的加湿工艺，到紧茶的泼水工艺，再到香港、泰国的仿老茶工艺，最终进化到云南普洱熟茶工艺。渥堆熟茶的发明是云南普洱茶发展的一个里程碑，它将过去不规范的，根据不同产品总结出的半自然、半人为的轻发酵工艺，变为现代的快速后发酵工艺，使普洱茶变为口感更温和，可以速饮的消费品。从进化的角度来说，熟茶是一种进步，当然，进步并不代表价值的高低，它只是使得普洱茶大家族增加了新品种，普洱茶的内涵和外延更为丰富而已。

熟茶是横空出世的吗?

陈杰/文

　　普洱茶有自然发酵与人工发酵的区别。自然发酵是指民间俗称的"生茶",人工发酵是指通过"渥堆"方法快速发酵的普洱茶,也被正式定名为"熟茶"。其实,在"熟茶"诞生之前,普洱茶本没有生、熟之分。但到了1975年,普洱茶的人工渥堆发酵工艺研制成功,自此,普洱茶的制作出现了两大分支,一个是普洱生茶的加工,一个是普洱熟茶的加工。

　　千百年来,云南普洱茶始终是"生茶"的加工模式,即鲜叶采摘—杀青—揉捻—晒青—分拣—拼配—紧压(团、饼、沱、砖)。这些工序的完结并不意味着普洱茶马上能够端上茶桌进行品饮,还需要后陈化,也称后发酵。因为中国古人尤其是当时的达官贵人,没有喝"生茶"的习惯,也看不到品饮"生"普洱的文字记录。我们现今能看到的有关普洱茶的描述,不管是真实的还是杜撰的,都离不开"暖胃""消食"一说,茶汤的颜色是栗红色的,红艳明亮。普

洱茶要想达到这种品级，就需要由"生"转"熟"，其后发酵的时间需要三十年以上，由此也就有了"爷爷制茶，孙子喝茶"的说法。因此，我们将这种方式称为最原始的"自然发酵"模式。

普洱熟茶的"熟"与食品加工的"熟"不是一个概念，是表达"成熟"的意思。它是通过"渥堆"这一方式，进行快速发酵，是普洱茶有史以来，围绕发酵环节进行的一次有意识人为干预发酵进程的工艺设计，也称"人工发酵"模式，是迄今为止中国茶叶发酵史上最重大的一次科技进步。

谁发明的"熟茶"工艺？

1973 年以前，香港就已经有"茶港"之称，众多的茶楼、酒楼每年要进口来自世界各地的名茶 4000 吨，普洱茶占比 40% 左右。由于普洱茶"暖胃与消食"效果明显，除了本港消费外，台湾、日本与东南亚也成为普洱茶的消费区。这些地区由于受当时政治因素的影响，只能通过香港来完成采购与转运。而那时的普洱茶也有一个特点，真正来自云南大叶种茶叶制成的普洱茶很少，大部分普洱茶是广东几个国营茶厂用当地的茶叶或拼配进一些云南调拨来的茶叶制成的，虽然这些非云南生产的普洱茶也出过一些名品，如"广元贡饼"等。

1973 年云南获得自主出口权后，云南省茶叶进出口公司派勐海茶厂、昆明茶厂、下关茶厂的技术人员去广东学习做泼水发酵茶。从广东回来后，各茶厂的技术人员各自回厂研究发酵技术。由于当时交通、通讯都不发达，昆明—下关—勐海，相隔甚远，技术人员也无法交流研究心得，所以，只能各自钻研。刚开始试制研究，失败在所难免，始直到 1975 年后，三大茶厂才有了相对成熟的普洱茶产品问世。可以说，熟茶技术的发明，是群体智慧的产物，是老一辈茶叶工作者在峥嵘岁月里共同摸索、试验出来的产物。这些先行者、探索者，值得我们后人铭记。

原昆明茶厂厂长：吴启英。

吴启英：熟茶人工渥堆发酵技术的领军人物

1974 年秋，时任云南省茶叶进出口公司副经理宋文庚带着由广州交易会上取回的普洱茶样，来昆明茶厂找到厂长李希金，问能否加工此茶。李希金当即叫上吴启英去他办公室看茶样。他们经过外观审验，发现此茶外形肥壮，色呈黑褐，原料级别很低，基本是以九级至十级粗老叶为主，按照当时他们对茶叶审评标准，属于低档茶叶。李希金与吴启英看到这款茶样，并没有想太多，他们当时注意力都在这款茶的原料级别上，因为当时的昆明茶厂就有 400 吨九至十级青毛茶无法处理，原来的处理方法只能慢慢拼入青砖使用。如果将其制成普洱茶，一下子解决厂内积压的低档青毛茶的问题。正是这个原因，他们爽快答应了。

起初，他们把这种工艺看得过于简单，认为此茶样外形显示的黑褐色，与食品热加工有关，因为高温可以使茶叶变色，用蒸气来蒸焖，可能使其外形色泽变为黑褐色，于是就在布置任务的第三天，昆明茶厂提出五吨十级青毛茶，放入发酵池内，经两小时喷蒸气后，又捂了九小时。经摊晾后，其外形色泽与样茶接近，但香气有"倒熟味"；汤色为橙黄，叶底黄色，这与发酵前后差别不大。依据吴启英的回忆，这算是一次"热发酵"的试验，但也是一次失败的试验。此茶样后来交给港商林先生，他反映茶叶有"火味"，因此用热发酵只做了这一批。据广交会及云南省茶叶进出口公司记录，此批茶于次年"秋交会"上被林先生买了。

此次的成交，并没有给吴启英带来任何的兴奋，反而使她陷入另一层面的思考。这位1938年出生于安徽省庐江县的女子，在1963年安徽农学院茶叶系毕业后，便响应支援祖国边疆的号召来到云南。人们很少听到她的抱怨，哪怕再艰苦，人们看到的都是在工作中忙碌的身影，还有她极具标志性的灿烂的微笑。

"热发酵"的失败并没有使她气馁，相反，在这之后，她查阅了大量资料，慢慢搞明白历史上的普洱茶由"生"转"熟"的一些发酵机理。她发现历史上的普洱茶因当时的交通闭塞，在漫长的运输过程中日晒雨淋，使茶叶慢慢氧化而成。根据这个原理，如何用人工创造再氧化条件？她当时已想到直接向茶叶上泼水，进行"冷发酵"。

摄影/肖金强

1987年勐海茶厂的拣剔车间，左三为来访的日本客户。

同时，她也发现，香港茶商提供的褐色的茶样，也不是高温发酵的结果。实际上，这个茶样就是当时广东几个国营茶厂试制的"普洱茶"，俗称"发水茶"。虽然这种工艺还不完善，存在很多瑕疵，但站在今天的角度，它仍不失为"普洱熟茶"试验的先行者，并已经具备了"普洱熟茶"的雏形。

1974 年 11 月，吴启英带领三个工人再次进行试制。他们将云南特有的大叶种晒青毛茶加湿，然后将其拌匀再渥成一堆，然后采取保温控温措施，使茶堆达到一定的集温条件，并通过不断翻堆，人为地控制茶堆的温度和湿度，加速和控制茶叶的后发酵过程，经过 45 天左右的周期，使晒青毛茶转化为外形褐红、汤色红亮、滋味甘醇的普洱茶。由于"渥堆"是制作普洱熟茶工艺中最为重要的环节，后来普洱茶界也习惯将这种工艺称为"普洱熟茶渥堆发酵技术"。"渥堆"一词也成为普洱茶发酵的专业词汇，并与吴启英本人密切相连。也就在 1975 年，昆明茶厂正式采用此法开始了普洱熟茶的批量生产，这是云南现代普洱熟茶生产的开始。

其实，吴启英对普洱茶的贡献不是单一的普洱熟茶工艺的发明，还有她后来围绕普洱熟茶的生产标准与工艺规范所做的大量工作。

1979 年春，云南省茶叶进出口公司召开普洱茶座谈会，吴启英根据昆明茶厂生产普洱茶的工艺，撰写了"云南省普洱茶制造工艺要求《试制办法》"，详细制定了普洱茶生产的加工工艺与质量标准。这是国内第一个开始科学生产普洱茶的专业质量标准。其中，就有我们今天仍然熟悉的各大生产厂家代码（唛号）的确定。为纪念云南在 1975 年以人工速成发酵制成普洱茶，云南普洱茶的代号前两位数为"75"，中间为拼配级别，末位数为厂家代号——昆明厂为 1，勐海为 2，下关 3 等。如 7581 就是昆明茶厂生产的普洱砖茶，7582 就是勐海茶厂生产的普洱饼茶。

普洱熟茶的研制成功，促进海外需求大增。当年，为了应对急剧增长的外贸出口，确保普洱茶的品质，1980 年云南省茶叶进出口公司决定将全省的普洱茶（勐海、下关两厂除外）调入昆明茶厂统一拼配出口。当时调入昆明茶厂的有：普洱、景东、景谷、澜沧等厂。1981 年 10 月 1 日起，普洱茶正式列为法定检验。为此云南省茶叶进出口公司制定"云南普洱茶品质规格试行技术标准"发送各厂，指引各厂接受云南省商检局的检验技术指导。

1983 年吴启英联合云南大学微生物研究所，主持了"普洱茶发酵工艺原理研究"

项目，并得出研究成果"普洱茶发酵的机理是微生物在起主导作用"。此项目荣获云南省政府 1984 年科技成果四等奖，是迄今为止云南普洱茶生产技术领域获得的唯一一个省级科技成果奖。

我们在《云南省茶叶进出口公司志（1938—1990 年）》上，看到这样的记录："1973 年昆明茶厂试制普洱茶成功，随后在勐海等茶厂相继推广，产量大增……到 1985 年普洱茶出口港澳增至 1560 吨，金额 249.17 万美元，之后几年普洱茶出口港澳每年大体保持 1000 多吨，占全省普洱茶出口总量 80％ 以上"。这里有两个问题是需要说明的，一是关于普洱熟茶研制成功的时间，文献记录很多标示的是 1973 年，而依据此项工艺发明人吴启英的回忆是 1975 年；二是文献中提到的普洱茶实际是指普洱熟茶，占"全省普洱茶出口总量 80％ 以上"也是指普洱熟茶。

有一点或许是很多人没有注意到的，即云南的普洱茶在经历 1974—1984 年 10 年的发展中，以普洱熟茶研发成功与大力推广为标志，普洱茶由小作坊的生产模式向现代工业模式迈进。无疑，吴启英与她的"普洱熟茶渥堆发酵技术"起到了非常关键性的作用。

邹炳良：经典熟茶的创制者

当然，我们也注意到，能够推动一个产业或一个行业向前发展绝非一个人的力量，应是一个群体。其实，这个群体还有一个极为特殊的人，他就是邹炳良，是一个谈到普洱茶很难绕开的人。

邹炳良，汉族，生于 1939 年，云南省祥云县人。中学毕业后于 1957 年来到茶乡勐海，从此他在勐海茶厂一直工作至 1996 年。40 多年间，他先后当过工人、一般干部、股长，最终在 1984 年当选为勐海茶厂厂长。从他当厂长至 1996 年退休，是勐海茶厂历届厂长中任职时间最长的。

值得关注的是，普洱熟茶最初工艺的诞生是在昆明茶厂，由吴

原勐海茶厂厂长：邹炳良。

启英领军。但这种工艺真正走向成熟，包括对工艺的不断修正与优化，实际是在勐海茶厂完成的。在邹炳良担任勐海茶厂厂长的 12 年间。普洱熟茶的"热点"也开始从昆明茶厂向勐海茶厂转移。邹炳良与他的团队对"渥堆"这一人工发酵模式倾注了大量心血，他们对发酵环境与场所，微生物在发酵过程所起的作用，包括保温措施、水分控制、发酵度的把控等等，做了大量经验化总结，逐步创造出带有标志性发酵风味的茶品。"勐海味"就是这一标志性的称谓，它是消费者的总结，也是对这种产品价值的认同。勐海茶厂从 20 世纪八九十年代中叶出品了大量经典产品，其中有生茶，也有熟茶，绝大部分产品至今仍是市场追逐的"明星产品"，价值不菲。

　　而邹炳良依旧保持他惯有的低调，在媒体面前，他从不用华丽的语言包装自己；他是目前普洱茶界仅存的几个元老之一，但又对过往的辉煌始终保持一种沉默。他是一个向前看的人，即使在他退休后又重建了一个"海湾茶厂"，仍保持在生产一线抓品质的习惯，仍在向市场提供诸多优质的普洱茶作品，我们之所以用"普洱茶作品"称谓，而没有用"普洱茶产品"一词，是因为他的茶品倾注了自己对普洱茶

的理解与工艺的独到把握，在我们心目中，他制茶的过程已经超越普通意义的制茶范畴，而是一种创作，一种境界。

有一点是需要补充的，邹炳良与当年的勐海茶厂在 20 世纪 80 年代为云南普洱茶培养了大批技术骨干，为普洱茶在 20 世纪 90 年代末的再次"崛起"储备了大量人才。显然，勐海茶厂是云南普洱茶最大的"黄埔军校"，输出的技术骨干最多。至今，我们在很多普洱茶生产企业中仍然发现他们活跃的身影，他们对工艺的精益求精，那份执着依然保留了"老勐海人"的印迹。或许，它也是普洱茶的一种精神。

供图／朴境古茶

"普洱茶""熟茶"名称来由

程昕 / 文

今天，我们都知道，普洱茶分为生茶和熟茶，但鲜为人知的是，熟茶的诞生，不仅为普洱茶增添了一个新品种，同时，不论在普洱茶名称的复活，还是在普洱茶推广、品饮等方面都立下汗马功劳。

1976 年 12 月，在熟茶生产了一年后，云南省茶叶进出口公司根据全省茶叶的生产、销售情况，在昆明召开全省普洱茶生产会议，通报了"广交会"发酵茶销售情况和需求量，明确提出云南的茶厂加大发酵茶的生产。同时，为外销方便，也为与其他茶区分，正式决定将用晒青毛茶经渥堆发酵的茶称之为"普洱茶"。

普洱茶，在清中期后，因成为朝廷贡茶而出名，但随着中国茶叶六大茶类的形成（绿茶、红茶、白茶、黄茶、黑茶、乌龙茶），普洱茶被列入绿茶的分支晒青茶之中，自民国后便不见了称谓，饼茶被称之为"圆茶"，蘑菇形和窝头型的茶被称之为"沱茶"，砖型的边销茶被称之为"砖茶"。随时光的流逝，"普洱茶"这个茶

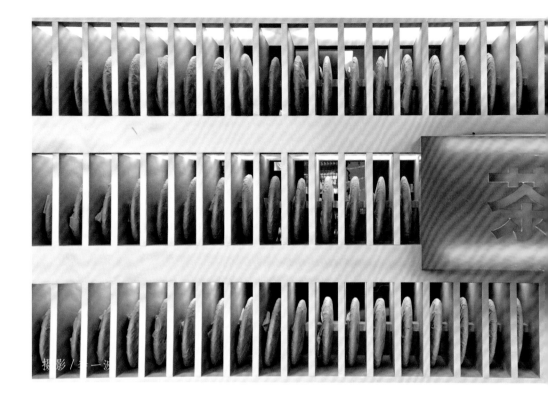

摄影／茶一派

品和称谓渐渐被人淡忘。1976 年 12 月云南省茶叶进出口公司的普洱茶会议，对
云南茶叶，尤其是普洱茶的发展是一次极其重要的会议，也是一次充满了智慧的
会议，对普洱茶的重生起到了积极而深远的影响。"普洱茶"，这个曾经的云南
品牌茶叶已经沉寂百年，要为用云南大叶种晒青毛茶，经渥堆发酵后产生的新茶
取名，何不用曾经辉煌而已被淡忘已久的"普洱茶"来命名？没准还能重振普洱
茶的雄风。于是，"普洱茶"一词再次在云南的大地回响，并且在不久的将来，
在中国，乃至世界而知名。随时光的流逝，时至今日，那次会议的详情，如：何
人提出用"普洱茶"来命名新产品，何人提出用"唛号"来管理普洱茶，何人提
出加大普洱茶的生产，都不得而知，实为憾事。

但不管怎样，普洱茶在 1976 年底复活了，并从此一发不可收。在 1979 年的
农业部颁布的普洱茶标准中，开宗明义将"普洱茶"定义为：以云南大叶种晒青

毛茶为原料，经渥堆发酵后制成的茶叶。换句话说，"普洱茶"就是现在所说的熟茶。在相当长的时间内，"普洱茶"就等同于现在我们所讲的"熟茶"。乃至于现今在相当的茶人中仍然把普洱茶等同于熟茶。

今天，大家都普遍认同：普洱茶分为"生茶"和"熟茶"。笔者曾经问过许多老茶人，为什么把新生产出的、用大叶种晒青毛茶经渥堆发酵出的普洱茶叫"熟茶"？而把用大叶种晒青毛茶直接做出的普洱茶叫"生茶"？是谁取的？什么时候取的？除了一个明确的事实，即2000年以后"生""熟"茶才在市场上逐渐传开来外，其他的没有答案，或者说笔者在目前没有听到确切的答案。笔者只能结合听到的只言片语，发挥合理想象了。

感谢那群已无从考证的茶人，给这种新的普洱茶取了个小名——"熟茶"；同样，感谢那群已无从考证的茶人，给传统的普洱茶取了个小名——"生茶"；感谢广大的茶人，口口相传这两个亲切的小名。就像中国人，有一个正式的名字，但也有一个家里人取的昵称，而这个昵称与正式的名字中的"字"多半没有关系。普洱茶就是这样，虽然"熟茶"被权威机构定义为黑茶，"生茶"被定义为绿茶，且大家都称之为"普洱茶"（2004年普洱茶被权威部门重新定义，用云南大叶种晒青毛茶压制的紧压茶，以及用云南大叶种晒青毛茶，经渥堆发酵后生产的茶叶）。但在市场上，在茶客的交流中，仍习惯性地称呼着这两个小名，直到今天深入人心。遥想当年，也许是先把未发酵的大叶种晒青茶叫"生茶"，而新的、从"生"生出的茶自然也就有了和"生"相对应的词——"熟""熟茶"应运而生。也许是正好相反，先取了"熟茶"这个小名，又把未发酵的普洱茶取了个和"熟"相对应的小名——"生茶"，真是一生二啊。

不管是先有"生"还是先有"熟"，反正普洱茶中有两兄妹是为大家所接受的事实。"生茶""熟茶"这两个小名，得到市场认可，得到广大茶客认可，也就是这个认可，成就了普洱茶的哲学和美学意义。宛如大家熟悉的"太极图"，一阴一阳，一黑一白，阴中有阳，阳中有阴，互相交融。生茶酽，苦涩味重，刚烈、霸气，充满阳刚之气，但茶性偏

寒，适合体热的人喝；熟茶味柔和，无苦涩味，滑顺滋润，甜香，但茶性偏热，适合体寒的人喝。你看，一阳一阴，阳中有阴，阴中有阳，一个汤色金黄透亮，闪闪发光，像金色的阳光，充满阳刚之气；一个汤色深红艳丽，透过光线方可见其深邃靓丽，宛如一位有内涵和气质的佳丽，充满阴柔之美。一"生"一"熟"，和中国哲学的世界由一阴一阳组成的理论暗合。

世间茶品，唯有普洱茶，虽然都叫普洱茶，却是两个迥然不同、但又相互对应的茶品，唯此，才更彰显其哲学含义和审美价值。还有一个有趣的现象，大凡有实力的普洱茶生产厂家，无一例外的都是两种茶品都生产，仿佛在生产上都要达到一种平衡。这，又是对中国文化的一种暗合。

但在茶的分类中，普洱茶被硬生生地分成两类：生茶（晒青茶）被划入绿茶中，熟茶则被划入黑茶中，两兄妹被分开，割裂了普洱茶中体现的中国传统的哲学思想。好在茶人始终执着坚持叫"生茶"和"熟茶"，并印在茶的包装上。

摄影/段兆顺

茶变 2003

程昕 / 文

　　熟茶自生产出来，从以外销为主转变为国人皆知的生活茶，从时间上看，经历了三个阶段：发端期（1975—1985 年），成长期（1986—2002 年），成熟期（2003 年至今）。

　　从品饮的路径上看，则是经历了从外到内的历程：一开始以国外市场为主，国内市场除广东外，包括云南在内的省份鲜有销售，国内茶客也鲜有品饮，可谓"墙内开花墙外香"，其主要通过香港和广交会实现销售。到了成长期后逐渐被国人接受，就像划了一道美丽的彩虹，但当熟茶回到国内后，已是"吾家有女初长成"，在中华大地呈现绚丽的光彩。

　　在发端期，有品名的产品较少，不够丰富，生产以散茶为主，全省范围内的许多茶厂都在生产，比较典型的是普洱特种茶厂，虽然有一个 4 的唛号，但生产仍以散茶为主，以至于留下来的、有印刷厂名的成品茶十分稀少，至今笔者未见到 4 字头的唛号茶，故留

20世纪90年代生产的一些出口型特种茶砖。

下来的老茶以唛号1、2、3为主。

在2000年以前，云南茶人对熟茶的推广是尽心尽力的，尤其是到海外推广，成为首选。1981年，我国组织了中国茶叶代表团到日本参加茶叶展卖会，昆明茶厂的薛梅代表云南参加。她回忆，当时有上海、浙江等同行参加，在东京的商业百货展销的6天里，她身着傣族服装，为来宾冲泡和讲解熟茶，日本人十分喜爱饮茶，对熟茶这个新茶品也充满好奇，来品饮和询问的人很多。为了推广熟茶，代表团还准备了5克小包装的高级普洱茶送给来宾。之后，代表团还到名古屋、仙台等地去展演熟茶。与在东京一样，熟茶引起了当地日本人的兴趣。通过品饮、讲解和赠送熟茶，让更多的日本人了解熟茶。

20世纪八九十年代，云南省茶叶进出口公司还成立了茶艺表演队"云茶苑"，据时任表演队队长的陈露云回忆，他们到过日本和

供图／昌金强

1990 年北京亚运会期间，"云茶苑"表演队在老舍茶馆表演后留影。

欧洲的一些国家办展览会，都是通过茶艺表演和品饮来推广普洱茶，尤其在摩洛哥，国王亲自出席展览会的开幕式，在看了茶艺表演并品饮之后，对熟茶大加赞赏。

这个时期，在海外推广熟茶的另一种方式便是参加国际评奖。如 7663 获 1986 年西班牙第九届优质食品奖，1987 年联邦德国杜塞尔多夫第十届世界优秀食品奖。下关沱茶获 1986 年第九届、1987 年第十届、1993 年第十六届世界优秀食品金冠奖，1998 年第十届欧洲质量金奖，1998 年第十届美国质量金奖。

在云南茶人的不懈努力下，普洱茶的出口量不断增加，据《云南茶叶进出口公司志》（1938—1990 年）载：云南茶叶出口从 1975 年的 4700 吨，到 1985 年的 9300 吨，增长了近 100%。当然，统计数为茶叶，包括红茶、绿茶、普洱茶，从数字的变化看，因新品种熟茶的出现，出口量不断增加，增量部分中熟茶占相当比重。

1979 年，农业部对普洱茶的部颁标准是：用云南大叶种晒青毛茶，经渥堆发酵后制成的茶。云南茶人也明白，熟茶要取得更大的发展，必须回到国内，让国人饮用。于是，在 20 世纪 90 年代，开始将推广的目光放到了国内。除传统产品外，开

始生产中国老百姓喜爱的中国传统文化元素的各种茶品。如 2000 克一片的"寿"字砖，1000 克一片"福禄寿喜"字砖，1000 克一条的长条形砖，500 克一片、每片有"恭""喜""发""财"或"招""财""进""宝"而组成的四片一套的熟茶套装。随时间的推移，喝惯了绿茶等茶的国人，开始接受熟茶。

当然，这些都是"茶变"的前奏曲，也是发端期和成长期的特点。今天，喝普洱茶的中外茶客数以千万计，绝大多数都是近 10 来年才开始喝的，但 2003 年以前就喝得很少，而普洱茶能有今天的成就，2003 年则是个重要的分水岭，是成熟期的标志。

普洱茶文化在云南传播并被接受，导致普洱茶产量和交易量大增。在此之前，普洱茶"越陈越香"的理论在台湾和香港等地盛行。2003 年又有了新茶、干仓茶也可饮用的理论，并且为茶人接受。而此时，这两种普洱茶的理论也传到了大陆，同时影响了云南茶人。加之云南茶界的不断推广，普洱茶市场从广东开始向全国展开，尤其是其原产地——云南，成了重要市场。

具体体现：一是昆明的金实和雄达茶城卖普洱茶的商铺增多，不少原来专卖其他茶的商铺或改卖普洱茶，或在卖其他茶的同时也卖普洱茶。二是云南茶人开始品饮普洱茶，又受两种理论的影响，于是，逛茶叶市场的人们，一改每年只买当年喝的绿茶的习惯，每次一提、一件甚至若干件的普洱茶往家搬，一边喝，一边摆放，十年后也有老茶喝。普洱茶交易量大增。

普洱茶的生产厂家发生变化。普洱茶体系中的核心元素：茶厂，发生巨变，众多的国有茶厂在此前后纷纷改制，一大批原国有茶厂和茶界的人员要么建立自己的茶叶公司，要么在国有茶厂的改制中成了新茶厂的掌舵人，非公经济的茶叶公司成为主流。如海湾茶厂、六大茶山、百茶堂、勐库茶厂、古云海等，这些新公司一方面继承了原国有茶厂选料、生产等优良传统，另一方面则在工艺、产品上大胆创新，生产了大量优质的茶品，普洱茶的产量已达上万吨，为更多的人品饮普洱茶打下坚实的基础。

民间高手给普洱茶取"生茶"和"熟茶"名。那时普洱茶的定义，仅指后来所说的熟茶，而真正的、传统意义上的普洱茶（晒青茶）却被排除在定义之外。这种现象显然不行，早期饮普洱茶的茶人，尤其是民间高手，不满足普洱茶的尴尬局面，于是灵光一闪，取出了"生茶"和"熟茶"的妙名，并在 2003 年开始叫响。民间的力量是伟大的，普洱茶从此振翅高飞，也才有了 2008 年普洱茶的新标准，正式确认了普洱茶"生茶"和"熟茶"的称谓。

国人将养生保健和品饮普洱茶结合起来。随着中国经济水平的提升，在解决了温饱后，更多的国人开始关注健康。大多数中国人本来就有饮茶的习惯，而且是以绿茶为主，既然普洱茶，尤其是熟茶有很好的养生功效，改变一下饮茶习惯有何不可？更何况当喝上普洱茶后，那变化无常的口感，奇妙的汤色，一生一熟对中国茶文化完整的阐述，使得不少喝上普洱茶后的茶人直呼：普洱茶是茶叶的珠穆朗玛峰，一旦喝上便爱上，则在品茶上有"一览众山小"的感受。此后，普洱茶一发不可收拾，几年后名声大增，由一个在民众中不太知名的茶品迅速成为家喻户晓的茶品。

熟茶充当了普洱茶传播推广的急先锋。笔者曾经做过调查，绝大多数喝普洱茶的茶友，喝茶的轨迹是：其他茶——熟茶——生茶。可以说，品饮普洱茶，基本上是从熟茶开始的，同样，知道普洱茶也是从熟茶开始的。熟茶引领普洱茶红遍大江南北，使普洱茶成了国内外茶客都喜爱的一个茶品。

熟茶，承载了普洱茶复兴、普及的重任。

2006 年"马帮进京"的队伍经过昆明雄达茶城。

熟茶

工艺密码

第二章

渥堆发酵——熟茶的生命旅程

黄素贞 / 文

　　普洱茶的渥堆发酵对于普通消费者来说，简直就是一个谜。首先是因为熟茶渥堆发酵历时较长，一般在 45 天左右，甚至更长。一般性的参观很难观察到发酵的全过程；再者，很多茶厂将熟茶发酵车间视为禁地，严禁参观。

　　熟茶发酵是一项不折不扣的技术活，但又不同于制造业之类的技术，有标准的规格和流程，因为在渥堆发酵中起决定性作用的是自然界中的微生物，常有人说熟茶发酵是"三分靠人，七分靠天"。因而发酵的场所，空气的温湿度，潮水、翻堆、开沟等程序的时间，都没有十分严格的标准可循，而是充满了经验色彩，对于一个茶厂来说，一个熟茶发酵师傅技术与经验的好坏，对厂家出品的熟茶品质有着重要的影响。

　　熟茶微生物发酵的微观世界中还有着许多未解之谜，但是对于普通消费者来说，了解一些熟茶发酵一般性的工艺流程，对于进一

摄影 / 段兆顺

步认识熟茶、品鉴熟茶确是有着积极意义的。下面我们先来简单介绍一下传统大堆发酵熟茶的工艺流程。

熟茶发酵工艺的流程

1. 选 地

选什么样的场地,对发酵来说,是非常重要的。一般来说,用来发酵的地面用的是水泥地面。新的发酵车间不能马上用,需要进行养地,主要目的是除去新地面的异味,保证发酵茶的品质。养地的过程是这样的:把熟茶的碎茶、茶末等,铺在地面上,大约1厘米高,然后浇透水。接下来每隔2~3天洒一次水,保持表面湿润。直到水泥地面变黑,茶末没有茶味为止。根据实际情况,有时,这个养地的过程得重复几次,才可以进行正常发酵。地养好后,用水冲洗干净地面,等地面干透就可以试发酵了。一般来说,起初几批茶很难发酵出较好的效果,所以都会用较廉价的茶来发几批,即便失败,损失也不大。所以,为了可靠起见,最好选择经常发酵,已经用了多年的熟地发酵。

直接在水泥地板上,或者是在用水泥瓷砖砌出的发酵池里发酵是目前大多数传统茶厂的发酵场地。现在也有些新兴企业出于更加卫生的考虑,采取离地发酵的方式。

2. 打 堆

通常把晒青毛茶堆成50~70厘米高，进行发酵准备。至于是50厘米还是70厘米，就跟茶叶的等级有关系了。一般，越是粗老的茶，堆高也就越高。从外形看，堆子上面是平坦的，边缘呈梯形。堆子有100多千克的小堆，也有10~20吨的大堆，根据各厂的技术标准和需要掌握。

3. 洒 水

水质的好坏对发酵茶品质影响很大。一般勐海地区的茶厂都抽取地下水来发酵。由于勐海地区自然条件的优越性，构成了勐海熟茶的优势。从口感来说，勐海地区井水清澈甘甜，一般直接泡生茶就有不错的口感。据检测，勐海地区的水多为酸性。所以，在发酵普洱茶的时候，大多数参考勐海地区水的酸碱度，来选取发酵用水。洒水量是一个很重要的参数。一般是每100千克毛茶需要加30~50千克水。这么大的一个范围，到底是30千克、40千克，还是50千克，就取决于经验了。所谓看茶做茶，一般嫩茶洒水要少一些，粗老的茶青洒水较多。洒水均匀以后就盖上发酵布开始发酵了。

4. 翻 堆

茶洒水堆高后用发酵布盖住，让温度上升。堆温一般在50~65℃，大约两周的时候翻第一次堆。每次翻堆后，堆高逐步降低，从60厘米逐渐往下降。通过堆子上插的温度计来检测堆温，以控制温度不要超过65℃。接下来差不多每周进行一次翻堆，如果温度高的话就要翻得更勤。每次翻堆的过程中还需要解块，为平衡茶堆的温度、湿度，增加透气性，解散"结团"茶条。如果温度过高，翻堆不及时，就容易引起"烧堆"，致使茶堆碳化而报废。

5. 开 沟

几次翻堆后，堆高继续下降，通常不超过40厘米。一周后，即发酵周期的第35天左右，堆子温度降为35℃左右，就可开沟，让茶冷却并干燥。每隔3~5天开一次沟，交叉开沟，如此循环往复至茶叶含水量低于14%。普洱茶的干燥切忌烘干、炒干和晒干，否则将会影响到普洱茶的品质。

摄影／段兆顺

6. 养 堆

茶堆散热后静置一周左右，这个过程叫作养堆。45 天左右，得到了渥堆后的毛茶，一个渥堆发酵流程完成。当然，这个周期的时间是可以变化的，因为温度是变化的，堆子高度也会变化，一般根据原料、气温等各个环节来调节。

渥堆完成以后还只是熟茶的毛茶，最后要成为流通的商品还需要几个步骤：

分选：很多厂家会将一堆中不同级别的茶分筛出来，拉开价格档次，按不同级次销售，也就有了宫廷普洱和普通普洱的区别。一般使用分筛机进行分选，同时，剔除非茶类夹杂物，如石头、谷壳等，剔除老梗、花、果等茶类夹杂物。

灭菌：一些卫生要求高的茶厂在压饼前会对熟茶的毛茶进行灭菌或微生物灭活处理。

最后当然就是蒸压成型，包装出厂了。但是熟茶刚刚渥堆出来多少都会有些堆味，有些茶厂会将毛茶在仓库中存放 1~3 年，待堆味散去才压饼出厂。

熟茶为什么采用"渥堆"发酵?

陈杰 / 文

"渥堆"是一种新的快速发酵载体，也是产生这种发酵的外观物理形态。虽然它定位于人工发酵，但相比普洱茶古老的自然发酵（也是最原始的生物发酵）前进了一大步。它是人类有意识利用微生物促进发酵的探索与尝试。我们之所以关注这个问题，是因为这种发酵方法已经接近现代生物发酵的雏形，是茶叶发展史的一项重大科技进步。围绕"渥堆"，有三个问题需要说明。

"渥堆"是中国传统民间经验与技能的借鉴

早在中国东汉时代，许慎在《说文》中对"渥"进行了注解："渥，沾也。"本义：洒水。引申义：沾润。

中国民间自古也盛行一种"渥汗"方法，即对偶感风寒的人，采取"渥汗"治疗（服药后盖上棉被出汗）。

如果我们将上述三个关键词"洒水、沾润、渥汗"与"渥堆"的一些具体工序相比较，就会发现它们有很多相似之处。中国传统的白酒酿造，其固态发酵的过程（白酒的发酵分为固态发酵与液态发酵两部分）与"渥堆"的方法在某几个环节也有相近的地方。"渥堆"的方法不是凭空而来，而是中国民间诸多经验与技能的借鉴与创造。

将这种发酵方法用"渥堆"一词作为称谓，偏重外观形态的描述，虽然这种表述非生物学的专业术语。但这种受中国民间俗语启发而演变而来的独创的专有词语又非常形象，让人容易理解。

"渥堆"的方法可实现快速发酵

普洱茶中的生茶与熟茶都需要厌氧发酵环境，但普洱生茶的发酵过程是以渐进的方式进行，发酵时间需要长达十几年甚至几十年。而"渥堆"的方法可以将普洱茶的发酵以"激进"的方式进行，发酵时间可缩短到45~70天。这里的差别有两点：

一是普洱生茶的发酵属于仓储式的自然发酵，基本上都是以包装好的成品进行后发酵（生物学中的标准术语称作"后熟作用"，属于"食品贮藏化学"的范畴）。这种发酵模式基本是静态式的，没有"大规模"人为干预的过程，也没有肉眼能观察到的微生物剧烈的变化；而普洱熟茶是以人为干预为主导控制发酵过程与结果的，加上它是散茶的形式，可通过泼水、翻堆、复堆等方法，进行人为的有意识的"干预"。这个过程微生物的繁殖与集聚是能观测到的，整个过程也是动态的，其目的就是快速发酵。

二是这种"渥堆"的方式便于微生物产生"聚量效应"。"渥堆"一般茶叶需求量较大，一个堆子5~10吨，促使厌氧的内部空间变得"巨大"，而微生物自身有一个习性，发酵的底物（茶叶）越多，其环境微生物的"浓度"越高，而环境微生物越多就对发酵底物（茶叶）作用越明显，因为发酵过程中产生的微生物不是单一的，而是几大类微生物菌群，犹如一支庞大的"集团军"，共同配合，协同作战，发酵周期缩短。

供图/朴境古茶

"渥堆"有利于普洱茶初级代谢产物与次级代谢产物的生成

初级代谢产物是和微生物的生长、繁殖直接有关的一类代谢产物,它们是组成细胞的各种大分子化合物或辅酶的基本成分。氨基酸、核苷酸、维生素是发酵中最常见的初级代谢物。比如茶叶中内含的蛋白质,就是由氨基酸组成的分子巨大、结构复杂的化合物。它们不能直接进入细胞。微生物利用蛋白质,首先分泌

蛋白质酶至体外，将其分解为大小不等的多肽或氨基酸等小分子化合物后再进入细胞。在"渥堆"过程中，这种厌氧条件产生蛋白酶的菌种很多，细菌、放线菌、霉菌等均有，不同的菌种可以产生不同的蛋白酶。例如我们比较熟悉的黑曲霉，在"渥堆"的最初 1~2 周时间，主要产生的是酸性蛋白酶，但在 3 周后，短小芽孢杆菌开始产生碱性蛋白质。

同时，由于"渥堆"最低需要 45 天，形成连续发酵的过程，微生物在稳定期活菌数目达到高峰期，细胞内大量积累代谢产物，特别是次级代谢产物。不同种类的生物所产生的次级代谢产物不相同，它们可能积累在细胞内，也可能排到外环境中。由于次级代谢产物大多具有生物活性，也是普洱茶未来研究的重点。比如普洱茶的色素演变，由最初茶黄素到茶褐素再到茶红素，都是次级代谢产物，还比如"渥堆"过程中出现的一些对人体有明显保健功能的化合物，如微量的抗菌消炎的、降血压的、降糖的等等，均为厌氧条件下连续发酵获得的次级代谢产物。"渥堆"凭借人工控湿、控温，延长稳定期来获得大量次级代谢产物，与现代生物医药在生产抗生素中采用的微生物"连续培养法"有极大的相似性，只是后者的稳定性与可控性更强，属于现代生物工程范畴。

走进熟茶发酵的微生物世界

陈杰 / 文

推开门，我们进入一个发酵场所，或许它本身就是个发酵车间。它的面积有几百平方米，高度不低于 5 米。它的四面没有窗户，如果没有微弱的灯光指引，你不会发现它还有一个不太宽的运茶通道，与外面的库房相连。车间有明显的潮湿，不用湿度表也知道在 75％ 以上，室温也已达 30℃左右，有点缺氧，空气中也弥漫一种潮湿味，几乎所有的墙面，包括顶棚都有较为明显的白色或黑色霉菌斑块集聚。车间靠墙的角落有厚厚的积土，可能是茶灰，也可能是尘土。它的中间场地堆放三个巨大的长条形茶堆，每个茶堆高在 1.2 米左右，呈梯形，下宽上窄，茶叶量在 10 吨左右。其中有两个茶堆上面覆盖多层麻袋片的东西。另一茶堆正有几个茶工在用木铲将茶堆摊平，也是在摊凉。走到近处，抓一把茶叶，能感到茶叶的一种温热。

这是一个典型的"渥堆熟茶"的发酵场所（车间）。

你可能认为它不干净、太脏，有大量灰尘，有霉斑菌落……可

供图／蒙顿茶膏

它是发酵场所，仅有茶叶发酵是不存在的，它还需要水与适宜发酵的湿度，但也仍然不够，更重要的是微生物，没有微生物的"参与"，发酵是不能产生的。其实，这里的水与适宜发酵的温度都是为微生物开展"工作"提供服务的。有一点你可能是不了解的，墙角的每克土（很多人眼中的尘土）含有微生物达几亿个，墙面上的白色或黑色的霉斑菌落可能恰恰是优势菌群，是产生特殊风味的诱因，是发酵场所最珍贵的"知识产权"，犹如贵州茅台酒厂发酵车间的"酵泥"被纳入国家级机密一样，是传统发酵最珍贵的财产。

于是，微生物又一次进入了我们的视野。

在熟茶身上，我们不仅能够明显感觉到微生物的存在，哪怕不通过显微镜，也能看到它们集聚的形态（如霉斑），以及感受到它们弥漫在空气中的浓度。它们是以连续的方式对茶叶发起一次次"进攻"，在人工的辅助下，通过数次翻堆、复堆等一系列"动作"，实现快速发酵。普洱熟茶的"熟"与食品加工的"熟"不是一个概念，是表达"成熟"的意思。其核心标志仍然是以次级代谢物为主。

普洱茶是以微生物为"劳动者"的模式，尤其是熟茶的渥堆发酵。

渥堆中主要微生物是什么？

近 20 年来，有关普洱熟茶在渥堆发酵中出现的微生物的研究报告很多，每篇报告都列出若干微生物，基本上可归为三类，即霉菌、细菌、酵母菌三大类。这与传统发酵食品中微生物基本相同。也就是说，普洱茶渥堆发酵过程中出现的微生物并不是独有的，更不具备唯一性，都属于发酵食品微生物。在很多发酵食品的教科书上，我们也能看到这样一些文字：按照微生物分类系统，可将与发酵食品密切相关的微生物分为细菌、酵母菌、霉菌三大类。也就说，普洱熟茶渥堆过程中的发酵机理与其他发酵食品都具有一种共性：即三菌发酵。

第一类：霉菌

霉菌是丝状真菌的统称。凡是在培养基（有营养基质）上长有菌丝体的真菌统称为霉菌。它有很多分类，但在发酵食品中，只有四个属：毛霉属、根霉属、曲霉属、地霉属。

普洱茶渥堆发酵中起主导力量的是曲霉属，而曲霉属也有 60 个以上，如米曲霉、黑曲霉、红曲霉、黄曲霉、甘薯曲霉、埃及曲霉等等。但是，就普洱茶而言，在曲霉属中真正的主力军是黑曲霉。

黑曲霉是普洱茶研究者最熟悉的一个词语，无论专业学者还是普洱茶爱好者，只要谈到普洱茶渥堆发酵，就离不开黑曲霉。在显微镜下观察，它呈现分生孢子头褐黑色放射状，分生孢子梗长短不一，顶囊球形，双层小梗。但它又是厌氧菌（厌氧呼吸，生物氧化第二大类型），在厌氧条件下，适宜的温度（37℃左右）和湿度（80% 左右）才能大量繁殖的。它最初的菌落呈白色，后来才逐渐转为黑色。

黑曲霉是曲霉属真菌中的一个常见品种。由于广泛分布土壤和空气中，是发酵中最容易从自然环境中获得的重要发酵菌种。黑曲霉不是普洱茶发酵过程中产生的独有菌群，一个较为普遍的现象是，只要是食品发酵，似乎就离不开黑曲霉菌群的参与。黑曲霉在发酵的过程中，在适宜温度37℃、湿度75％状态下，具备分泌淀粉酶、糖化酶、柠檬酸、葡萄糖酸、五倍子酸等的功能。渥堆过程中堆子"自然产生热量"造成堆温升高也与黑曲霉有关，是黑曲霉大量繁殖形成伴随产酶的同时出现产热现象（化学中常见的产热现象）。

　　无论是普洱熟茶的渥堆，还是白酒与葡萄酒最初的固态发酵，都离不开黑曲霉。非常有意思的是，相对白酒与红酒而言，黑曲霉陪伴它们的时间更长，在白酒与红酒进入"液态发酵"时（白酒与红酒分为两个阶段发酵，一是固态发酵，二是液态发酵），其贮藏场所（俗称酒窖）仍能发现黑曲霉的存在。凡是参观过知名酒窖的人，都会发现酒窖墙壁上附着的霉斑块，有的零散、有的密集，绝大部分是黑曲霉菌群。再仔细观察，你会发现每一个霉斑块不仅大小不一，而且厚度也不一样，我们从霉斑块的边缘会发现厚度是分层的，比较明显的分层为三种颜色，底部（贴墙部分）为墨绿或灰色，中间为米黄色、外层为黑灰色。其实，厚度的分层现象代表酒窖的历史。年代愈久，层隙愈多；叠加越多，微生物活性越强。当然，这些霉斑也不是清一色黑曲霉，还有其他的菌群，如黄曲霉、灰绿曲霉、米曲霉等等。其实，它们与黑曲霉同样，都是能够分泌糖化酶的高手。

　　最重要的一点是，黑曲霉具备极强的附着力与渗透性，攻击力超强。几乎所有的食品发酵的最初，包括渥堆熟茶，其最早的"攻坚战"都是以它为核心的，随后的"攻

供图 / 茶叶进化论

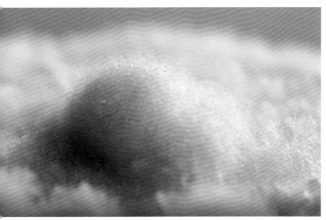

城略地"——将发酵底物的保护屏障——摧毁，它都是绝对的主力。然后，它又以发酵底物为营养源，又产生多种活性很强的酶系，如蛋白酶、淀粉酶、脂肪酶、纤维素酶等，为普洱茶后期的"酶促发酵"做物质储备。这也就是微生物产酶的基本原理。它与普洱茶真正滋味的产生关系不大。

很多研究报告中认为它是对人体有益菌种，这是一种误解。因为黑曲霉甚至包括整个霉菌，都属于腐生菌，如果落在粮食上，会快速产生腐败。就普洱茶发酵而言，它的作用只局限在发酵的前期，利用它巨大的"破坏力"击破发酵底物原有的"保护壁垒"，并产生各种活性酶系，但在发酵后期进入"酶促发酵"时，它的使命便结束了，也消亡了，如果没有消亡，它的存在对普洱茶反而是有害的。因为它持续的存在会导致普洱茶的霉变，为有害菌的繁殖提供了便利。

我们在讨论黑曲霉时，也应避免另一种倾向，就是太过强调黑曲霉的主导性作用。其实，渥堆发酵的早期，黑曲霉并不是单兵种作战，整个霉菌类中的微生物，尤其是曲霉属中的几十种菌群，都参与了战斗，是大兵团协同作战的概念，只是攻坚的主力是黑曲霉而已。

围绕霉菌，我们也可以举另外一个例子，我们熟知的湖南黑茶，如茯砖等出现的"金花"，都是霉菌的范畴，属于散囊菌目，其生物学名称为：冠突散囊菌（*Eurotium*

cristatum）。在普洱茶中，尤其是砖茶中也经常出现"金花"现象，因为它本身就是散囊菌目发菌科散囊菌属的一种真菌，可生长在土壤、砖茶（茯砖、普洱茶砖）、冬虫夏草、中药片、木屑等基物上。冠突散囊菌也可称为小冠曲霉（*Aspergilus cristatellus*）。

第二类：细菌

普洱茶渥堆发酵中，在温度达到 40 ~ 50℃区间会产生一定数量的细菌。这些细菌不仅影响普洱茶的发酵进程，还对普洱茶的滋味与香气产生重大作用。很多人对细菌有着天生的敌意，认为它会导致普洱茶腐败变质，甚至会出现食物中毒事件。很多关于普洱茶的负面文章涉及这些问题，并以此"大声疾呼"，认为普洱茶不是健康饮品。其关键点在于对细菌没有正确认识，或者说根本就不知道细菌也是微生物，是微生物中的一个大类。

我们可以这样简单地描述：广义的细菌为原核生物，分为真细菌（*eubacteria*）和古生菌（*archaea*）两大类群，狭义的细菌为原核微生物，是一类形状细短、结构简单、多以二分裂方式进行繁殖的原核生物。它是自然界分布最广、个体数量最多的有机体，又是大自然物质循环的主要参与者。

细菌可以说是无处不在，在土壤、湖泊、海洋、空气中都大量存在，甚至它与我们人体、动物体包括植物体都是相互依存形成共生关系的。需要提示的一点是，细菌与我们前面提到的霉菌不同，霉菌不能与我们人体形成共生关系，更不能通过饮茶的方式进入我们人体，我们人体不可能检测出类似黑曲霉这样的物质，它只是在发酵过程中产生的，不能长时间保留。即使有一点残留，也在洗茶过程中通过高温杀死而倒掉。而细菌则不同，它是我们人类最忠实的朋友，也是我们人体健康的守护神。我们人体的内部及表皮存在大量的细菌，其细菌总数是人体细胞总数的十倍以上。

细菌的营养方式主要有自养与异养两种方式。自养方式的细菌

如硫细菌、铁细菌等以二氧化碳作为主要或唯一的碳源，以无机氮化物作为氮源，通过细菌的光合作用或化能合成作用完成新陈代谢过程。异养方式是通过腐生细菌作为生态系统中的重要分解者，使碳循环能顺利进行。普洱茶渥堆发酵过程中，细菌的参与和繁殖主要以异养为主。

截止到目前，参与普洱茶发酵的细菌到底有多少，仍是未知数。很多研究报告认为普洱茶发酵过程中细菌很少，这是一个谬误。实际的结果不是很少，而是太多，只是它太微小，难以检测；还有一个原因是它数目过于庞大，很难短时间搞清楚。不仅普洱茶，几乎所有的发酵食品都面对这样一个未知难题。

但是，我们也从普洱茶中检测出一些细菌。

如乳酸菌。主要有乳杆菌属和链球菌属，有乳酸链球菌、丁二酮乳酸链球菌、嗜热乳链球菌、短乳杆菌、发酵乳杆菌等。

如醋酸杆菌。有木醋杆菌（*A. xylinus*）、拟木醋杆菌（*A. xylinoides*）、

供图／蒙顿茶膏

葡萄糖酸杆菌(*Bacterium gluconicum*)、产酮醋杆菌(*A. ketogenum*)、弱氧化醋酸菌(*A. suboxydans*)、葡萄糖醋酸菌(*Gluconobacter liquefaciens*)、醋化醋杆菌(*A.aceti*)和巴氏醋杆菌(*A. pasteurianus*),其中最主要的是木醋杆菌。

如芽孢杆菌属(Bacillus),是能形成芽孢(内生孢子)的杆菌或球菌。包括芽孢杆菌属、芽孢乳杆菌属、梭菌属。芽孢杆菌为好氧或兼性厌氧的革兰氏染色阳性杆菌。在特殊环境下,菌体内的结构发生变化,经过前孢子阶段,形成一个完整的芽孢。芽孢对热、放射线和化学物质等有很强的抵抗力。芽孢杆菌典型的代表菌种是枯草芽孢杆菌、地衣芽孢杆菌、蜡样芽孢杆菌等。

普洱熟茶最初的发酵普遍有偏酸现象,这是醋酸杆菌与乳酸菌共同作用的结果,随着时间的推移,在进入"酶促发酵"阶段,酸感开始逐渐递减,呈偏弱状态。

细菌对糖类物质存在极强的分解能力,这个过程也能导致渥堆的"堆温"升高,在厌氧条件下,细菌的繁殖惊人,"堆温"上升的速度也极快,因为细菌绝大部分为厌氧菌。

细菌有好的,我们称为益生菌,但也有不好的,我们称作致病菌。普洱茶有一个特性,由于它内含的多酚类物质较多,当细菌繁殖到一定程度时,开始出现"拮抗反应",即出现一小部分青霉类的次级代谢物质,对致病菌产生抑制。虽然这些次级代谢物极少,但是功能强大,完全可以抑制致病菌的发生。我们在对普洱茶长达十年的化学检测中,在多达几百个样本中(正规大厂的成品)没有发现一例致病菌的存在,开始,我们对这一结果也感到怀疑,甚至不相信自己的检测结果,在委托几家权威检测机构协助检验后,开始相信这一结果。后来分析,与发酵过程中出现的次级代谢物有关。别小瞧这些小分子次级代谢物,它能基本确保普洱茶饮用的安全性。

第三类:酵母菌

酵母菌(yeast)是一群单细胞的真核微生物。酵母菌是个通俗名称,是以芽殖或裂殖来进行无性繁殖的单细胞真菌的通称,以与霉菌区分开。酵母菌

茶 FERMENTED TEA
一片茶叶的蝶变与升华

主要分布在含糖质较高的偏酸性环境，如各种水果的表皮、发酵的果汁、蔬菜、花蜜、植物叶面、菜园果园土壤和酒曲中。

酵母菌的菌落与细菌菌落相似，其特征为表面光滑、湿润、黏稠，比细菌的菌落大而厚，颜色比较单调，多数呈乳白色，少数呈红色、黑色，有酒香味。不同种类的菌落在形态、质地和边缘特征上均表现不同，有的菌落光滑或起皱、平整或是突起、边缘完整或有不规则的毛状边缘等。因此菌落特征也可作为酵母菌菌种鉴定的依据之一。

酵母菌能在 pH 值为 3.0~7.5 的范围内生长，最适 pH 值为 4.5~5.0。最适生长温度一般在 25~32℃。低于水的冰点不生长，高于 48℃ 则失活。酵母菌是兼性厌氧菌，在有氧的情况下，它把糖分解成二氧化碳和水，在有氧存在时，酵母菌生长较快。在缺氧的情况下，酵母菌把糖分解成酒精和二氧化碳。

酵母菌与人类的关系密切，是工业上最重要，应用最广泛的一类微生物，在酿造、食品、医药工业等方面占有重要地位。可用来制面包；发酵生产酒精和含酒精的饮料，如啤酒、葡萄酒和白酒；生产食品工业的酶，如蔗糖酶、半乳糖苷酶；也可用来提取核苷酸、麦角甾醇、辅酶 A、细胞色素 C、凝血质和维生素等生化药物；酵母菌细胞蛋白质含量高达细胞干重的 50%，并含有人体必需的氨基酸，因此酵母菌可用于生产饲用、食用和药物的单细胞蛋白（SCP，single cell protein）。酵母菌大约有 500 种以上，享有人类第一种"家养微生物"的美誉。

参与普洱茶发酵的酵母菌目前能够检测出的有二十几种，但实际数目远大于这个值。有酿酒酵母（Saccharomyces cerevisiae）、不显酵母（Saccharomyces inconspicus）、路德类酵母（Saccharomycodes ludwigii）、粟酒裂殖酵母（Schizosaccharromyces pombe）、热带假丝酵母（Candida tropicans）、克鲁斯假丝酵母（Candida crusei）、汉逊德巴利酵母（Debaryomyces hansenii）、克勒克酵母（Kloeckera）、拜耳接合酵母（Zygosaccharomyces bailii）等。

酵母菌参与普洱茶的发酵不是单兵作战，经常是多种醋酸菌和上述的一种或多种酵母菌组成集团军，有的还有乳酸菌。不同的菌种组成，其菌液中代谢产物的种类和数量也会有所不同。酵母菌和醋酸菌在普洱茶发酵中是互惠互利的共生关系。在发酵开始阶段，由于醋酸菌不能直接利用蔗糖或利用蔗糖的速度很慢，由酵母菌将蔗糖降解为葡萄糖和果糖并进一步发酵产生乙醇，醋酸菌有了葡萄糖、果糖和乙醇之后开始大量生长繁殖，将葡萄糖和果糖氧化产生葡萄糖酸、乙酸等代谢物，并将酵母产生的乙醇氧化生成乙酸。酵母菌产生的乙醇能刺激醋酸菌的生长，产生更多的纤维素膜和乙酸，而醋酸菌产生的乙酸又会刺激酵母菌产生乙醇，而乙酸、乙醇的存在可保护醋酸菌和酵母菌，使它们免受其微生物的侵染。

普洱茶的酵母菌与黑曲霉不同，它首先在有氧的情况下，附着茶叶表面，在渥堆的最初，堆温达到 20℃便开始生长，在堆温升到 30℃时，达到繁殖最佳值。但由于酵母世代时间短，每一个发酵过程（以翻堆一次为一个发酵过程），它都是最先进场又最先退场，随后，沉降在堆子底部。如果我们将堆底的茶沫、茶灰收集起来检测，酵母的含量是茶叶的十几倍，不过这时候的酵母早已吸收了茶叶的精华养分，将其捞起经过洗净、消毒、干燥等再制造过程，就成了茶酵母。因此，酵母菌在完成了它的使命后，并没有消失，是可回收的，是普洱茶发酵的副产品。

供图 / 蒙顿茶膏

微生物发酵与普洱茶的生产

阮殿蓉 蔡昌敏 段末／文

1975 年昆明茶厂吴启英应用了"普洱熟茶渥堆技术"，极大地改善了普洱茶的品饮品质，产品质量得到了一定保证，将传统普洱茶漫长的自然发酵时间缩短为 45 天左右，并为云南省的现代普洱茶生产提供了科学的理论依据，在生产工艺上提出了规范的品质要求，得出了研究结果：普洱茶后发酵的机理是微生物在起主导作用。

普洱茶后发酵的实质

GB/T 22111—2008《地理标志产品 普洱茶》中对普洱茶的后发酵作了更为科学、简洁、明了的定义：普洱茶加工中的独特工艺。指云南大叶种晒青散茶或普洱茶（生茶）在特定的环境条件下，经微生物、酶和湿热等综合氧化作用，其内含物质发生一系列转化，而形成普洱茶（熟茶）独有品质特征的过程。

目前，市场上的普洱熟茶均是由渥堆发酵而成的。由于其特定的"渥堆"过程，微生物分泌的胞外酶的酶促作用，微生物呼吸代谢产生的热量和茶叶水分的湿热协同下，发生茶多酚的氧化、缩合，蛋白质和氨基酸的分解、降解，碳水化合物的分解，以及各产物之间的聚合、缩合等一系列反应，形成普洱茶具有的干茶色泽褐红，条索肥壮重实，耐贮耐泡，茶汤红浓明亮，陈香显著，滋味浓醇回甘，叶底褐色柔软的特点。

普洱茶后发酵是多种混合微生物的固态发酵过程。微生物在后发酵过程中所引起的各种化学作用，对茶叶质量影响很大，有利有弊。在此过程中微生物的类群、水分含量和湿度大小、温度的高低、氧气的多少等多个因素都会对整个后发酵的好坏起到决定性的作用。

微生物发酵普洱茶的生产工艺控制

1. 普洱茶后发酵过程中的微生物

20世纪70年代后，研究重点逐渐转入普洱熟茶渥堆后发酵技术。很多研究都表明，普洱茶后发酵过程中，存在着共性的微生物类群，但采自不同地区不同时期，不同基质的研究对象中又存在着差异。

微生物作用于普洱茶后发酵的全过程，主要的微生物种类有：黑曲霉、酵母、青霉、根霉、灰绿曲霉、灰绿曲霉群、细菌、土曲霉、白曲霉、蜡叶枝孢霉、曲霉、毛霉、杂色曲霉、聚多曲霉、链霉菌属的灰色和粉红色球菌。

普洱茶不同发酵时期主要微生物类群的数量在不同的研究中有所差别，这可能是由于普洱茶发酵工艺和原料来源等的差异所造成的。多数研究表明，普洱茶后发酵过程中，在不同的时期各种微生物进行了种类和数量上的演替，数量较多的微生物类群主要还是霉菌和酵母，而重要的优势菌是以曲霉菌为主。

2. 水分和湿度

水是微生物细胞的重要组成部分，使原生质保持溶胶状态，保证代谢正常进行，是物质代谢的原料，起到物质溶剂和运输介质的作用，有效控制细胞内的温度变化。

普洱茶后发酵主要微生物生长的最适水活度（aw）是不同的，一般细菌要求水活度 0.9~0.99；酵母菌要求水活度 0.8~0.9；霉菌要求水活度 0.6~0.7。

晒青散茶水分一般含量在 8%~10%。不增加水分微生物是很难生长促进茶叶发酵的，同时微生物产生的生物酶的作用也需要水作为介质。根据各种微生物水活度的要求，发酵茶水分含量的多少对特定微生物的生长也有一定筛选作用，从而水的加入也必须视其茶叶老嫩、气候、季节等不同的实际情况而确定。掌握的原则是："高档茶宜少，低档茶稍多"。二级以上高档原料毛茶补水量为 26%~31%；三级以下中低档原料毛茶补水量为 36%~42%。起堆后在茶的表面盖上湿润的发酵布，发酵布干时，可揭开发酵布，在面层茶上适当洒些水后，仍将发酵布盖好发酵，保证表面茶的湿度，防止过于干燥而抑制微生物的生长。操作中，应注意空气湿度对渥堆茶的影响，雨季宜少，旱季宜多；高温量多，低温量少。发堆过程中，如遇干热风或大风天气，使茶堆表面走水过快的，在每次翻堆时，可适当补充水分，量的多少，酌情而定。

发酵室的湿度在发酵前期、中期可高一些，控制在 85% 左右，后期湿度逐步下降至 70% 以下；湿度的保持有利于保证发酵茶堆内的水分不至于过多丧失，影响发酵进程。在生产过程中可以通过喷洒水、安装喷湿器、开窗透气等方法来控制空间的湿度。

3. 温 度

温度影响微生物的生长、代谢；影响酶活性，最终影响细胞物质合成；影响细胞质膜的流动性，从而影响营养物质的吸收；影响物质的溶解度。

不同的微生物其适宜生长温度也是不同的，一般霉菌在28~35℃，酵母菌25~35℃，细菌35~45℃。普洱茶后发酵过程中温度的高低影响着微生物的种类和数量，对微生物来说，起到了一定选择的作用，将使一些喜高温或耐高温的微生物生长良好；同时也会影响酶的活性和物质变化的速度。

微生物的发育和繁殖对温度的要求是有一定规律的。通常，对于普洱茶发酵所需要的微生物来说，在40~50℃微生物发育繁殖最为有利，此温度范围，茶叶多酚氧化酶的活性也是最强的。过高，将大量致死微生物或抑制其生长，茶叶多酚氧化酶的活性也会钝化；过低，普洱茶发酵有益的微生物繁殖速度慢，无用或有害微生物过度生长，茶叶多酚氧化酶的活性不足，物质转化慢，不利于普洱茶品质形成。

普洱茶后发酵经2~9天后，堆温不低于40℃，但亦不高于60℃。温度太低，不利于茶多酚类物质的变化；温度太高，抑制了微生物的生长和生物酶的活性，导致品质下降。所以当温度低于40℃时，要采用暖气管或蒸汽加温。当温度高于60℃时，要立即翻堆，通风降温。因此，普洱茶的发酵温度，最宜控制50~60℃的范围内，最低不宜低于40℃，最高不超过65℃。

摄影/段兆顺

4. 氧 气

普洱茶后发酵时，微生物直接从空气中汲取氧，很多因素（晒青散茶老嫩程度、茶堆高度、加水量、空气湿度等）都会影响氧的传递速率。由于微生物的生长，在茶堆表面形成菌膜并使之结块，而茶堆的中、底部又处于缺氧状态，厌氧微生物的生长而进行着厌氧发酵。工艺上可通过翻堆来增加氧含量，促使茶叶中物质的氧化和微生物的生长，现在有通过主动通风设备进行发酵茶堆换气工艺，但需要注意水分的丧失较多问题。因此，普洱茶后发酵是同时经历了多次的好氧发酵和厌氧发酵过程。

5. 翻 堆

翻堆在普洱茶后发酵过程中是一个非常重要的操作工艺，对茶堆温度、水分和湿度、微生物的类群、氧化程度等方面起到了控制作用，是控制发酵进程的重要措施。

一般一、二级茶翻堆 7~8 次，五、六级茶翻 4~5 次，翻堆时将块状茶抖散后摆在茶堆面层上继续发酵；每次翻堆应先将上层和四周的面层茶翻开另堆，然后摆放在新翻堆茶的中层，从而使茶堆各层都有机会在上层得到充分生长（和供氧有关），有利于发酵均匀；另一方面也使其处于中下层后，可以使生长好的微生物细胞在相对厌氧环境下裂解，释放出相关生物酶，有利于发酵的进行；如此进行"生长—裂解—转化"循环反复，使渥堆茶叶的微生物作用、湿热作用和氧化作用交替进行。

6. 发酵时间

现今，传统的普洱茶"渥堆"发酵的时间长短，主要是靠经验和最终的发酵程度来进行控制；此过程会受到一些地域、季节、环境、翻堆次数等诸多因素的影响，所以也没有一个统一的标准可以遵循，一般在 45~60 天结束发酵。针对此情况，许多科技工作者和厂家都在进行研究，通过一定的技术手段，来缩短发酵时间，使发酵时间固定，保证产品品质的一致。本课题组经过多年研究，通过特定的微生物接种发酵及生长条件控制的优化，形成一定生产工艺控制技术，可以使发酵时间缩短至 12~15 天。

供图／正皓茶

普洱茶优势菌种混菌发酵工艺开发

近几年来，一些研究人员对微生物在普洱茶发酵中的重要作用有了更深的认识，在微生物的菌种分离、筛选、鉴定及发酵应用等方面进行了较多的研究，并获得一定的应用性成果。

云南六大茶山茶业股份有限公司经过五年多的研究、实践，在普洱茶发酵微生物的分离、筛选、工艺研究，生产设备的设计、生产中试等方面做了大量的工作。

利用此项技术对多种来源的优质普洱茶进行了菌种的分离，共分离得到霉菌、酵母菌、细菌等菌株 100 多株，并进行了形态学方面的观察研究，利用自行设计的方法和筛选流程对其发酵性能进行了有针对性考察和比较研究，从中筛选出有利于发酵的菌种多株。根据普洱茶现有渥堆发酵的工艺流程及原理，决定采用多菌种混菌发酵技术，通过上百批次发酵的实验，对菌种的组合配比、水分含量、温度控制及翻堆时间等进行了详细的研究，使发酵时间控制在 12~15 天，成品的色泽、口感、滋味得到了大幅度的提高，多批次实验的结果表明发酵过程稳定、成品质量稳定。

通过生产中试的实践观察及操作控制、定时取留样品、最终产品的感官品质品评，其品质特征具有汤色：红浓明亮，滋味：醇厚回甘润滑，香气陈香浓纯，无霉呛味的特点。

接种优势菌种进行普洱茶的后发酵生产，可抑制杂菌和有害菌群的生长，缩短发酵时间，提高效率，使生产过程不受季节、环境条件等外界因素的影响，保证产品质量的稳定性。

展　望

国内外学者已开始更多地关注有益微生物进行普洱茶的发酵生产，并通过控制微生物种类和数量、水分和湿度、温度、氧含量、发酵时间等工艺条件，保障普洱茶后发酵的顺利进行，保证产品质量的稳定性。

通过近年来的研究结果，针对普洱茶发酵研究最终要立足于应用，完善生产控制工艺，使普洱茶品质得到保证。今后的研究将基于以下三点：

第一，发酵过程中有益微生物的筛选，尤其要重视发酵各个阶段有益微生物筛选、搭配应用。

第二，结合微生物生长规律，完善工艺控制，让对发酵有益的微生物得到充分生长，从而抑制有害或不利于发酵的微生物生长。

第三，针对发酵过程的阶段性，要对各阶段有益微生物的发酵作用及发酵产物变化进行深入细致的研究，为微生物用于普洱茶的发酵生产提供理论依据，使人工接种优势菌种进行普洱茶的后发酵生产的工艺更加完善，从而保证普洱茶产品质量的稳定性。

"勐海味" 的生物学探索

陈杰 / 文

"勐海味"的说法最初起源于20世纪90年代末，是消费者对云南勐海茶厂出品的普洱茶（尤其是熟茶）产生的一种特殊"味觉"的称谓，也是勐海茶厂区别其他厂家的重要标识。但到了21世纪初，这种称谓开始延展，不再单独指向勐海茶厂，而是泛指勐海地区诸多茶叶生产企业出品的具有同样"味觉"的优质普洱熟茶。自此，"勐海味"脱离了勐海茶厂单独的印记，成为勐海地区高品质普洱茶的品鉴用语。（但"下关味"的称谓目前仍局限下关茶厂，还不能被通用。）

"勐海味"是普洱茶上千年发展历史中出现的第一个"味觉"称谓。在它出现之前，无论是"号级茶"还是"印级茶"，都没有特殊的品鉴用语或专属的地域标识。

"勐海味"的出现是伴随熟茶的成功而降临的。因为它比生茶多了一个快速发酵过程，它更接近生物学特殊地理的概念，这种特

殊地理又与特有微生物菌群有着直接联系，形成特定地理区域的产品特性，也是地理标识的重要依托。这就是我们为什么一直坚持普洱茶只能产生在云南几个重要区域，而其他区域（尤其是云南省外）生产的普洱茶不能称为普洱茶的原因。

实质上，"勐海味"是与发酵过程中的微生物有直接关系的。

让我们再一次把关注焦点移向微生物，普洱茶发酵过程发生了什么？微生物是怎么"工作"的？它们动用了什么手段产生了"勐海味"呢？

塑造"勐海味"独有的微生物到底是什么？

自2004年伊始，很多外埠的茶叶开始涌进勐海，围绕勐海茶厂的周边（包括勐海茶厂的厂区一部分宿舍也被租用），改造成一个个小型发酵场所，进行熟茶渥堆生产。形成这一现象的主要原因，是因为这里发酵的熟茶比外面的品质要好。同样是临沧的茶叶，在临沧渥堆发酵，味觉偏酸、杂气较重、汤色暗红，通透性也差，但将这

些毛料发运到勐海发酵，其发酵场所以勐海茶厂为圆心，只要不超过两公里，其渥堆的熟茶品质则是大幅度提高，如果再存上半年，则有靠近"勐海味"的感觉，口感淳厚，无杂气与异味，汤色红艳，质量上乘，与在临沧的发酵差距极大。到了 2006 年，这一趋势开始蔓延，很多地区的熟茶加工都移师至勐海，大大小小的加工企业星罗棋布，勐海因此也成为云南最热闹的普洱茶集散地。"勐海味"也顺势成为普洱熟茶的质量标杆。

很多人把"勐海味"归功于发酵技术，认为勐海茶厂独有的拼配与发酵技术成就了"勐海味"，于是勐海茶厂以及勐海地区的发酵师傅开始走红，无论是勐海茶厂的技术员，还是车间班组长，尤其是发酵车间的老师傅，在那些年都炙手可热，无论走到哪里都是座上宾。但有一个现象随后也被发现，这些发酵师傅在勐海可谓个个英雄，但离开勐海，其水平发挥与在勐海大相径庭。

类似的事情也发生在贵州茅台酒厂。20 世纪 70 年代，一个新建的酒厂按照茅台酒厂的工艺，使用茅台酒厂相同的原料，甚至连干部、技术人员、生产骨干都是茅台酒厂的人员，最后连酒厂用水都与茅台酒厂使用同一水源，但最终酿造出的白酒就是没有茅台的味儿。

后来，人们在仔细甄别后发现，原因是微生物菌群的不同。这时，人们认识到，食品发酵中能够产生特殊风味（特殊的味觉）一定与独有的微生物有关。

而这个独有的微生物形成需要两个条件：

山峦与水系加上温度与湿度，这四个条件决定该地区独特的微生态系统，这种独特的地理环境能培育出独有的微生物。一旦这种微生态系统被破坏，这种独有的微生物立刻产生变异。但仅有这一点是不够的，还要有一个"富集场所"，即发酵场所。

特殊的微生物虽然可以在大自然中生存，但生存状态呈散乱形态，也呈野性状态。当在这个特殊的微生态系统中出现一个专业发酵场所（一定是半开放的），为这种微生物建个"窝"，使其快速繁衍，通过"聚量感应"的集体行为，形成优势菌群。其时间愈长，优势菌群"速率"越高，历史愈久，稳定性愈强。以白酒为例，凡是知名酒厂，都是有历史的，其最重要的历史是未被破坏的发酵池。酵池里的酵泥是酒厂最珍贵的财产。因为每克酵泥中贮存上亿的微生物。酵泥中就集聚着大量优势菌群。

但是，这种解释离"勐海味"的真相还有一定距离。因为我们不仅需要知道"勐

海味"来源于特殊环境中独有的微生物，更需要知道这种微生物是什么！

我们在历经 10 年的化学分析中，通过排除法，最终锁定一个目标：

我们给出这个答案，原因有两个：

一是微生物三大类中，第一大类霉菌（包括我们熟知的黑曲霉）是不产生风味的，它是以破坏发酵底物的保护壁垒为主，并通过分泌各种酶系，最终促成"酶促发酵"，产生次级代谢物质。第二大类细菌更多以降解为主，同样的作用是攻陷"宿主"（茶叶），尤其是对糖类物质分解能力极强。虽然它也能产生一些味觉的物质，但大量是醋酸杆菌与乳酸菌协同作用，使茶叶有偏酸的感觉，不属于好的味觉，是发酵过程尚待成熟的味觉。第三大类酵母菌因为有一套胞内和胞外酶系统，可以将大分子物质分解成细胞新陈代谢易利用的小分子物质，这个过程在食品发酵中能够对食品的风味产生直接的影响。许多的科研结果证明，酵母菌是改善食品风味的最佳微生物。我们生产的面包、啤酒、白酒、红酒等，凡是食品发酵类产品都离不开酵母菌。

二是不同的酵母菌，最终导致食品风味的不同。以啤酒为例，啤酒生产的四大物质为大麦（芽）、啤酒花、酵母、水。虽然这四种物质都对啤酒的品质与风味产生影响，但大麦（芽）、啤酒花、水更多侧重啤酒的品质，而酵母则偏重啤酒的风味。要想使一款啤酒具有独特的风味，重点在酵母菌上。美国一位著名啤酒酿造师在寻访危地马拉一个小镇时，发现当地土著人自酿的一款非常好喝又具有特殊风味的啤酒，他在详细了解到全部的原料与工艺后，几乎采用照搬的模式生产这款啤酒，但结果失败了。他在后来总结中发现，是酵母菌的问题。他在研究中发现，酵母菌几乎无处不在，凡是有土壤与水的地方都有酵母菌的踪迹。但是，不同地区、不同生态环境，酵母菌是不同的。其最大不同是野生酵母菌。换句话说，这款非常好喝的啤酒其独特的风味来自当地独有的酵母菌群。他的解决方案是，在培养皿上涂上琼脂，然后在当地有植被茂密、树木繁盛的地方"接种"，获取野生酵母菌，然后在实验室进行分离与培养，获得大量活性酵母菌，再移植到发酵车间扩展，投入啤酒发酵，最终研制成与危地马拉小镇上的那款独具风味大致一样的啤酒。这是酿酒工业运用酵母菌创造独具风味的典型案例。

同样，勐海地区也生存有适应当地独特环境的野生酵母菌。最初的野生酵母菌是由茶叶带入的，由于普洱茶的渥堆发酵有专门的发酵场所（也是发酵车间），采用的

摄影／段兆顺

勐海茶厂的老厂房。

是"开放式"的发酵方法，这种野生酵母菌在发酵场所得以自然繁殖与扩展，日积月累，形成"富积"效果。

如果我们从具备三年以上熟茶发酵的车间里寻找，无论是从墙壁还是屋角的尘土与茶灰，都能分离出这种酵母菌，其中在每次渥堆的堆子底部，酵母的含量是最高的。很多勐海的发酵师傅都知道，将老一点的碎茶或茶末拼到茶堆里，口感更好。很多普洱茶的行家习惯将"勐海味"的香气赞誉为"发酵香"，其实这里的香气大部分以酵母香为主。

因此我们说，光有野生酵母菌还不行，还得有培育繁殖它的特殊场所，即发酵车间，加上好的茶叶与水，再有优秀的发酵师。才能塑造出具有"勐海味"的好普洱熟茶。

就普洱茶而言，除了"勐海味"之外，还有"下关味""景迈味""易武味""景谷味""临沧味""勐库味"等等，它们都具备特殊地理区域的"味觉"表达。只是名气大小不同而已。

谈一谈熟茶的发酵度

李扬 / 文

　　谈起普洱熟茶，发酵度是一个貌似专业的话题。"发酵度"被频繁地讨论，主要是由于近些年"轻发酵"熟茶越来越多，逐渐热门。"轻发酵"熟茶得以崭露头角，可能是因为普洱茶是一种强调越陈越香的茶。"轻发酵"很自然让人联想到，这个茶的好戏还在后头，还会在将来慢慢展现。

　　有人站出来说，熟茶技术就是人工加速的后发酵嘛。既然都要人工快速发酵了，不一次发酵到位，还要期待仓储去转化，是不是有点多此一举？

　　其实呢，这两种观点是一类的，都是浅层理解，没有触及本质。看起来各有各的道理，也谈不上对错。要对发酵度有一个清晰的认知，我们必须站在制茶人的角度了解什么是发酵。还需要对发酵有相对微观的认知。

供图/茶叶进化论

关于发酵度的传统认知

做熟茶的时候，发酵师傅把一个茶拿出来一泡一喝，一看叶底就能告诉你这个茶几成熟。甚至有经验的翻堆工人就看下堆子，就能告诉你这个茶现在几成熟。这个几成熟怎么来的呢？主要是看颜色。茶叶整体变红了，但有一部分发黑，一部分泛绿，大概就是八成熟。如果总体都红了，但是又隐隐都透着绿，就是五六成的水平。

这个是标准吗？不是。这个是习惯，从来没有人规定发酵到什么状态叫几成熟。只是行业内，这一时期，从事这个工作的人相互讨论，形成的一种表达习惯。这个习惯会流变，谈不上标准。

有传言，早期大厂的熟茶发酵，都是轻发酵。2019年我去拜访过原勐海茶厂的老厂长邹炳良先生。我们一起喝到一款熟茶，这款茶红里透绿，如果放在当今勐海八公里工业园区的发酵车间，工人们会认为是六成熟。但在邹老这里，这个发酵度叫八成。我问邹老厂长，勐海茶厂早期的茶，就是80年代的茶发酵大概是几成呢？邹老

的答案是七八成。几成熟，在不同的时间，对不同的人而言，是不一样的。

我是比较幸运，经常都有老熟茶可以喝。尤其喜欢七八十年代的勐海茶厂熟茶。我接触到的真品中，不管是 7572 还是 8592，它的发酵度一定都是当下看来偏轻的，喝起来有回甘生津的，叶底是微微泛绿的。邹老厂长的回答跟我喝到的情况是完全符合的。所以传言早期大厂的熟茶是轻发酵，似乎也得到了一定程度的印证。

但是，早期昆明茶厂和下关茶厂的熟茶就不是这样。比如昆明茶厂的7581，干茶和叶底的色泽看起来会更深。而喝起来，氧化程度也会更重。跟勐海茶厂的茶完全是两种风格。大厂的早期熟茶，也不是都是轻发酵，也有各种各样的风格。按照现在江湖上对发酵度的理解，勐海茶厂就是轻发酵的代表，昆明茶厂和下关茶厂则发酵偏重。

发酵的过程中，茶叶到底发生了什么？这里要先补充说明一下熟茶的发酵工艺：一堆毛茶，通过加水把含水量提高到 28%~40%（邹老的经验是28%~33%），然后微生物就会爆发。通过微生物和氧化的双重作用，最终形成汤色红浓，叶底红褐的熟茶。具体操作方面，均匀潮水之后，大概 7 天翻一次堆。一般四次翻堆之后，就可以开沟干燥。开沟之后每天翻一次沟，茶叶含水量降低后可以渐渐降低翻沟频率。发酵和干燥的时间加起来一般是五六十天。有时候快一点四十来天也能搞定，慢的话也有拖到九十多天的。

茶叶在这个加工过程中到底发生了什么呢？主要有两个路径的变化，一个是氧化路径，一个是微生物路径。

氧化路径，主要是茶多酚氧化生成茶色素，决定了茶叶的颜色，也降低了茶汤的涩感。微生物路径，主要是微生物把纤维分解，生成水溶性多糖，决定了醇厚度。微生物路径上还可以再具体细分，前期主要是黑曲霉活动，后期渐渐过渡到酵母为主体，期间也有其他微生物相继登场。如果要做更为细致的讨论，每种菌从出现到离场都可以算作一个单独的阶段。

文章开头所谓的几成发酵度，其实是这些变化的笼统概括，难以做到精确。那各种品质指标跟发酵中发生的变化具体有什么关系呢？我们一一拆解。

发酵与茶叶颜色（包括汤色和叶底）的关系

茶叶颜色的形成机理，主要在于多酚类被氧化，形成茶色素。所以茶叶色泽，不论是汤色还是叶底颜色，反馈的都是茶叶的氧化程度。颜色越深，就是氧化程度越深。如果单单通过茶叶颜色来判断发酵度，判断出来的只是茶叶的氧化程度，只是发酵度的一个方面。

市场上常见人说这堆茶发过了，烧堆了，全都发黑了。把这种情况准确地描述，应该说它氧化程度过高了，而不是笼统地说它发酵度过重。因为微生物路径的变化，对茶叶颜色影响有限。如果是在控氧的环境当中做发酵，等茶都发软了，汤都很醇厚了，但叶底有可能还是绿的。

发酵与叶底韧性的关系

很多人评价熟茶，喜欢揉搓叶底。认为叶底要有韧性才好，泥软了就不好了。其实是个误解。叶底的韧性是什么？是由叶片的纤维结构的完整程度决定的。而纤维结构在发酵过程当中，会被微生物，尤其是酵母分解破坏掉。

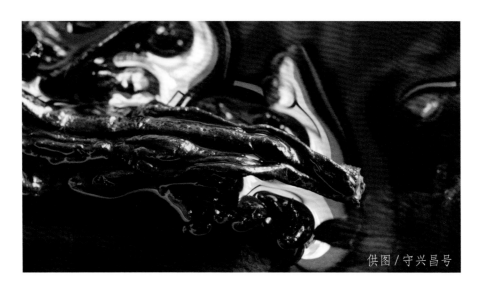

供图 / 守兴昌号

供图／一杯活法·喜悦空间

因为酵母分解了纤维，会产生水溶性多糖。所以同等情况下，相对泥软的茶，醇厚度会更高一些。反过来，如果考虑外形，醇厚度方面就要有所让步。纤维结构保留多少，跟茶汤水溶性多糖溶出多少，本身就是一个此消彼长的关系。

在技术上能够保证酵母正常生长的情况下，是选择让叶底保留更多的韧性，有一个更讨喜的外观，还是希望它变得更有醇厚度，而在外观上稍微做一些牺牲呢？这就见仁见智了。当然，也不能完全不顾外形，因为酵母生长过多整堆茶会彻底变成一摊泥，就没法当茶喝了。外形上有适度的保留，是必要的。

发酵与时间的关系

熟茶发酵中，氧化程度和微生物路径的变化程度，都跟时间有非常密切的关系。

先看氧化路径。一般来说，在相同条件下，时间拖得越长，氧化程度越深。但是实际操作中，有很多其他条件影响氧化，比如堆子的形状，盖布的密闭情况，堆子的板结情况等等，都会影响氧气与茶堆的接触程度。（举个例子，同样的时间，小堆发酵的氧化程度会比大堆发酵更深，因为小堆的体积小，整体与外界空气接触得更多。）

微生物路径也一样。相同条件下，时间越长的，微生物转化的程度就越深。实际操作中，堆子的形状、含水量、温度也都会影响微生物的生长情况。

时间是一个影响发酵的因素，但一定要跟其他条件结合起来讨论。

发酵与口感的关系

发酵的整个过程，在口感上主要是两个方面的变化。第一是刺激性越来越低。氧化作用会让苦涩类物质转化，与口感刺激性相关的苦涩类物质在整个加工过程中一路走低。第二是醇厚度越来越高。在发酵过程中，微生物不断地分解纤维，把本来不溶于水的纤维分解成了溶于水的多糖。并且还能把纤维链中捆绑的蛋白质也分解出来，转化成游离氨基酸。水溶性多糖和游离氨基酸的出现增加了茶汤的厚度和滑度。

在可控的发酵范围内，笼统而言，发酵程度越深，醇厚度越高，刺激度越低。但需要注意，二者不是此消彼长的关系，在精细操作中，两条变化路径可以分别控制。

发酵与香气的关系

发酵过程会产生大量的挥发性物质。熟茶可能有枣香、梅子香、果香等等，都是一些有挥发性的有机酸参与形成的。在发酵的初期，挥发性物质的种类非常多。随着发酵的深入，初期的挥发性物质会逐渐散逸，逐渐被氧化或者转化消解掉。整个发酵过程，结束得越早，干燥得越快，保留的挥发性物质就越多，它的香气也就会越复杂越馥郁。

所以发酵轻的茶，往往具备花果香，重一点就有糯香甜香，再重一点就是陈香。香型是可以由发酵的程度来控制的，一方面是微生物分解和生成挥发性物质，一方面是氧化作用消减和纯化这些物质。

那什么样的发酵度最好呢？这取决于"好"的标准。有些人喜欢醇厚的，有些人喜欢刺激的，有些人喜欢陈香，有些人喜欢花果香，这都可以根据个人的喜好去制定

加工方向。这些要求，都可以通过氧化和微生物的控制去靠近和满足。

我做茶就是按照我的理解去做。我认为普洱茶的核心在于"越陈越香"，熟茶的核心同样是"越陈越香"，这里说的"越陈越香"是针对普洱茶的"越陈越香"，是越陈越好的意思。是说普洱茶在存放过程中，发生缓慢的后发酵，微生物利用糖苷类物质中缓慢释放出的糖，不断分解叶底纤维，生成水溶性多糖和游离氨基酸，使得汤质越来越厚，喉韵越来越深。那发酵的目的是什么呢？是把茶扶上"越陈越香"的轨道。

在普洱生茶存放的前期，由于大量的儿茶素存在，抑制着微生物的生长，所以生茶前期在汤质上的成长很小。非要存到几十年后，儿茶素水平降低了，才得以展现出醇厚度。

通过熟茶发酵，就可以把儿茶素大幅降低，搬走"越陈越香"道路上的石头，让茶的转化一路坦途。好的发酵，就是把醇厚度拉起来，刺激度降下去，同时尽可能多地保留糖苷，把茶送上越陈越香的轨道。（发酵中如何保留糖苷呢？做到两点：第一，不要过度氧化；第二，切忌生长杂菌，什么灰、绿曲霉之类的杂菌要抑制住。）把茶送上越陈越香的轨道之后，是送得远一点还是近一点，就取决于个人了。因为仓储也是一种乐趣。

熟茶仓储的乐趣

由于生茶在仓储中，转化特别慢，一等几十年。可能存好的时候会很有乐趣，但成本实在太高。熟茶就方便多了，由于少了儿茶素的窒碍，后发酵通畅。一款好的熟茶，每一年都看得到成长，乐趣满满。尤其发酵较轻具有馥郁花果香的熟茶，不论在香气还是口感上，每一年都会有让人能清晰感受到的变化。但仓储的乐趣不见得适合所有人，大部分人没那么多时间精力。

怎么谈论发酵度会显得更专业？

其实用几成熟来形容熟茶的发酵度，不是一个太准确的说法。整个发酵过程，是一种多维度变化的综合。至少可以分为氧化和微生物两层，而且微生物这层还可以细分出很多层变化。说一个茶六成熟，说的是 60% 氧化了，还是黑曲霉或是酵母长出了 60% 的水平？这就很笼统，其实没有讲清楚。但是，每次提及相关话题都用氧化度和哪些微生物的作用程度等去描述的话，又显得过于复杂。因此，用几成熟去描述熟茶发酵度，是一种权宜的做法。

由于没有一个关于熟茶发酵度的官方认定，所以我们现在谈的发酵度就只能是一个综合范围，它包括了发酵过程当中的氧化程度以及各级微生物发挥作用的程度。而要做出真正对普洱熟茶技术有指导意义的探讨，我们非常需要把概念精细化。至少，讨论几成熟之前，先把氧化作用和微生物作用分清。

细说"老茶头"

李扬 / 文

"老茶头"是什么？

老茶头指的是在熟茶发酵中茶叶自然长结而成的小疙瘩，是熟茶发酵中的副产物。

"老茶头"是怎么形成的？

部分茶条的外形比较紧细，在发酵堆子里容易紧紧挤在一起，同时又被菌丝蛋白粘连，过程中菌丝蛋白一旦变性固定，就会结成茶头。

有人认为老茶头是由于果胶黏结形成的，其实这是一个误解。因为有黏性的果胶是溶于水的，而大部分老茶头却是泡不散的，因为起到粘连作用的蛋白不溶于水。

摄影／李一波

"老茶头"在普洱茶市场的地位

早先对于老茶头，大多数厂家的做法都是切碎，拼入其他紧压茶处理掉。但由于老茶头耐泡，比压饼用的正料还要甜醇一点，所以渐渐受到市场认可，如今已经形成了一个单独的小品类。

"老茶头"有安全隐患吗？

老茶头由于是茶条之间粘连形成的，其中少部分有时会夹入一些非茶类夹杂物，造成观感上不太好，但安全性上一般没有问题。不过，在发酵水平很低，杂菌生长旺盛的情况下，有可能出现部分有害菌。老茶头由于结构紧密，干燥得较慢，刚刚出堆的老茶头有保留部分活菌的可能。这个状态的老茶头，就不宜直接喝。

对于老茶头，尤其是新出堆的老茶头，最好通过蒸汽灭菌处理一次，彻底干燥后

就不会有安全隐患了。

老茶头为什么比较耐泡？

老茶头确实表现得比较耐泡，有两个原因：

第一，本身内含物质多。结成茶头的茶往往条索比较紧细，一般是较细嫩的料，内含物质就比较粗老的料要多一些。

第二，释出缓慢。老茶头的结构比较紧密，它的内含物质不容易被释放出来，就显得耐泡。

老茶头有什么口感特点？

老茶头一般比正茶相对更醇厚一些。因为发酵过程中，往往是微生物长得相对旺盛的区域才容易黏结。微生物长得旺盛就说明发酵得更深入，水溶性多糖增加，所以醇厚度较高。

同一个堆子的老茶头和压饼的正料相比，哪种品质更好？

其实前文已经总结出来了，同一个堆子里的茶差异不大。但是老茶头细嫩一些，微生物生长旺盛一些（发酵更透），所以内质多，更醇厚。但是可能会有一些外形问题，有些夹杂物。所以各有优劣，看消费者各取所需。

冲泡老茶头需要注意什么？

老茶头的溶出相对缓慢，所以适合焖泡。用盖碗操作相对不方便，适合用紫砂壶，也适合煮饮。水温要高，浓度和厚度才体现得出来。

供图/茶叶进化论

仓储老茶头需要注意什么？

仓储普洱茶的基本要求都一样需要遵循，无异味、避光、适度密封等等。老茶头天然具备比较致密的表层结构，内部小环境相对稳定，仓储难度比散茶要低。

"茶化石""碎银子"和老茶头是什么关系？

茶化石类的产物是在老茶头的启发下诞生的。

茶头由于冲泡方便，不用撬茶，清洗也相对容易，受到了相当多的人喜爱。但茶头是发酵中自然出现的副产物，产量不可预测，外形也无法控制，导致作为产品输出，在生产端有天然缺陷。

茶化石是在普洱茶发酵过程中，在微生物大量出现后，通过压力设备，刻意压缩成紧块。在发酵结束后，形成大量外形接近的茶头。再通过设备打磨，就是"茶化石""碎银子"了。这样一来，产量可预测，外形也可控，就形成了一个相对可控的产品。

供图 / 五正熟茶

茶

经典 熟 故事

第三章

销法沱的故事

昌金强 / 口述　黄素贞 / 文

销法沱档案：

原名：云南沱茶

唛号：7663

出生时间：1976 年

出生地：云南省下关茶厂

常住地：法国及欧洲

出口时间：1977 年开始

总产量：4620 多吨

创汇值：7.2 亿港币

生命价值：开启普洱茶保健功能科学认知新时代

　　销法沱诞生于 20 世纪 70 年代的下关茶厂，那是中国的计划经济时代，茶叶属于一类商品，国家实行统购统销政策，国家下达茶叶的生产计划、制定茶叶等级、标准，销售渠道也由国家来管控。而当时在云南，行使这一职能的国家单位就是：中国土产畜产进出

口公司云南茶叶分公司——这是 20 世纪 70 年代的称呼，80 年代、90 年代以后都有
不同的更名，所以之后文中一律简称"云南省茶司"。几十年来，销法沱生产计划、
销售出口的事宜全部由云南省茶司的出口部门统管。笔者有幸结识了 20 世纪 70 年
代就入职云南省茶司出口部门，长年负责销法沱业务的昌金强经理。昌经理现任职于
云南下关茶厂对外贸易有限责任公司出口部经理，他对销法沱很有感情，说起故事，
很有条理，娓娓道来，笔者整理录音后发现不用过多编辑，就是已经是一个生动的口
述故事了：

　　我是 1977 年进入"云南省茶司"的，从事全省红茶、普洱茶、沱茶、绿茶、咖
啡豆的出口销售工作。一开始，公司只有一个出口部门，后因业务量增加以后划分为
两个出口部门，出口一部负责红茶出口，出口二部负责普洱茶、沱茶、绿茶、咖啡豆
的出口销售。我被分配到出口二部并担任负责人的工作。

　　要说销法沱的故事，不得不提一个人，一位时年 60 岁的老人，法国籍犹太人，
名字叫费瑞德·甘普尔（Fred Kempler），二战时，他曾是戴高乐将军麾下的军官。
1976 年，他到香港找香港天生贸易公司的总经理罗良先生洽谈关于航油的业务，甘

普尔先生与罗良先生是多年的贸易伙伴和挚友，业务谈完之后，两位老朋友就去街上逛了逛，路过一家老字号的茶叶店，走进去看时，甘普尔先生发现一个类似碗形的色泽红褐的沱茶（熟茶），当时沱茶的出口基本只限于香港地区。在老外的印象中，茶叶应该是碎的，或者袋泡或者条状的，怎么可以做得像鸟窝一样？他很好奇，就买了两个，问店家这茶从何而来，店家介绍说这个茶来自中国云南下关茶厂。甘普尔先生回到法国后，觉得云南沱茶太有意思了，就想去一趟云南，但是那个年代，我们国家还没有"改革开放"，老外来趟中国太不容易了，需要通过外交渠道，很多审批过程。手续办妥后，云南省外办就指定我们公司接待法国客商。公司安排了专人专车陪同甘普尔先生前往云南下关茶厂参观。当他观看、了解了沱茶的生产制作过程并去大理苍山的茶园参观后，这位时年已 60 岁的犹太老人非常激动。回到法国后立即就订了 2 吨云南沱茶。

自此云南下关茶厂生产的云南沱茶（熟茶）进入了法国市场，茶人称呼的"销法沱"由此而得名，黄绿色花格印刷的圆盒包装，包装上法语的"THE"（茶），花体的"Tuocha"字样都是销法沱的标志性特征，30 多年来这样的视觉识别标志从未改变。下关茶厂至今也仍在生产这样包装的云南沱茶，生产工艺和配方从未改变。

图 1~2：1986 年，在德国杜塞尔多夫，
云南沱茶获得第十届世界金牌金奖。
图 3:1988 年 10 月云南沱茶获得的美国
食品质量金奖奖杯。

云南沱茶到了法国后，甘普尔先生买了一辆较大的车，把沱茶装上车，带着自己的几个尚年幼的孩子们环法国推销云南沱茶。每到一处他都孜孜不倦地向法国人介绍来自中国云南神奇的"鸟窝状"的云南沱茶，但由于人们传统观念中对茶的概念及印象的局限性，环法销售并不成功。甘普尔先生是位非常精明的犹太人，他明白要取得销售的成功，不能只凭沱茶奇特的外观，而必须充分了解沱茶中有什么更加奇特的物质，对人体有什么好处和不好的地方，欧洲人都是实证主义者，需要科学的分析。1979年，甘普尔先生委托法国巴黎圣安东尼医学院、法国里昂大学医学系两所法国高等医学权威机构对云南沱茶进行临床研究实验，临床教学主任艾米尔·卡罗比医生主导实验全过程，同时在云南的昆明医学院第一附属医院（云大医院）同步做临床实验。实验选择了18岁到60岁之间的高血脂人群，做对照组实验，一组喝云南沱茶，一组服用降脂特效药氯贝丁酯，一个月以后检测两组人的血脂，实验结果显示：云南沱茶的降脂效果好于安妥明，这个结果令法国的很多医学专家和营养学专家震惊。到了八十年代中后期，法国里昂大学从理论层面，对云南沱茶进行全面的理化分析，出了一本专著，详细阐述了云南沱茶的化学成分，认为云南沱茶对人体中的胆固醇、甘油三酯、血尿酸等有不同程度的抑制作用，此项研究被列入法国医学大词典中。

临床实验成功后，甘普尔先生在巴黎王子酒店举行有关云南沱茶临床实验结果的新闻发布会，邀请了法国医学界、营养界的权威及中国驻法国大使馆，法国各主要媒体60余名记者参加，当晚，法国电视一台、二台就在最佳的黄金时段播出了实验结果的发布会实况，轰动法国。云南沱茶的销量由此大增，从1977年开始出口，从2吨到8吨、20吨、80吨……每年都几倍增长，至1991年的时候，已经超过200吨了。而甘普

4

5

图4：云南沱茶包装大家族。左：250克沱茶；中：100克圆盒销法沱；右：出口法国的迷你沱茶
（3克一粒，一盒25粒）

图5：出口法国的不同口味的云南沱茶系列袋泡茶。

图6：云南沱茶出口欧洲三国的标签，蓝标主要出口比利时、意大利，红标主要出口法国，黄
标主要出口英国。

尔先生也在 1979 年成了云南沱茶在欧洲的独家总代理商，并与比利时的大财团共同组建了欧洲最大的食品经销公司"法国 DISTRIBORG 公司"，在全欧洲总经销云南沱茶。

20 世纪 70 年代至 80 年代末期，在法国，云南沱茶不是在茶店里卖，而是在药店或保健品专柜卖，高血脂的病人到医院就诊，医生开的处方经常是"云南沱茶，两粒"，药店买去。

1986 年，在西班牙的巴塞罗那第九届世界食品评奖会上，云南沱茶荣获世界食品金冠奖，次年，又在巴塞罗那世界食品评奖会上卫冕成功。1987 年还获德国杜塞尔多夫第十届世界食品金奖，1989 年获法国食品金奖，1998 年再获美国食品金奖。从此，云南沱茶在整个欧洲声名大噪，美国、加拿大等国家的茶商也纷纷来订购云南沱茶。那几年，年年都有国际机构的各种奖项让我们去领奖，我们忙于业务，都无暇去国外领奖，所以很多奖项都没有领回来。随着云南沱茶在法国的知名度越来越高，很多地方的沱茶也都想出口到法国，比如广东沱茶、重庆沱茶，但是他们的品质绝对无法和我们的云南沱茶相提并论。不久后，甘普尔先生在法国把"云南沱茶""Tuocha"注册成了商标。

1990 年，我们去法国做市场调研，消费者普遍反映，云南沱茶确实是好东西，喝了对身体很好，唯一的缺点就是不方便，在药店买了云南沱茶，还得去五金店买把

小锤来敲，不方便，也不适合法国人的饮用习惯。对此，我们立即与甘普尔先生研究，最后决定开发、生产袋泡茶形式的云南沱茶。1991 年，生产云南沱茶袋泡的事情敲定以后，就是选机器，当时全世界最好的袋泡茶生产设备是意大利的意玛机（IMA）和德国的 TEEPACK 机，最终我们确定了意大利制造的 IMA 袋泡茶机。1992 年云南沱茶袋泡正式在法国面市，产品成了饮用方便、快捷、符合欧洲消费者习惯方式的日常饮品及保健品进入了法国的超市销售。一台意玛机一年生产不了多少袋泡茶，最多生产 20 多个货柜，每个货柜 55680 盒，2 吨多，20 个货柜也就是 40 多吨，所以大部分还是以传统沱茶为主。云南沱茶的袋泡茶生产出来以后就供不应求，一到欧洲很快销售一空。只能继续增加机器设备，此后的几年内我们每年都进口 IMA 袋泡茶机，共进口了 7 台意玛机（其中有两台由下关沱茶集团购买后在下关生产），1 台从重庆茶厂购入。这 8 台机器到了 90 年代末期，已经到了 24 小时不能停机的程度，工人都得三班倒。哪怕每年做出 100 多个货柜出口，订单上都还欠 20 多个货柜做不出来。云南沱茶袋泡在法国经常处于脱销状态，法国方面甚至包飞机运过去，这创造了中国茶叶出口历史上首次用飞机整机运茶叶的记录，每年都有四五个货柜的茶叶需要靠飞机运送过去。有意思的是，这些茶叶的货值是大大低于飞机运费的，但法国方面都愿意出钱来运，可见云南沱茶在欧洲市场是何等的炙手可热。

袋泡茶生产出来的前三年，只有原味的，为使产品更丰富、更多样性、更符合法国人多彩的生活方式，甘普尔这位犹太人非常聪明，他就提出，是否可以增加一些口味。法国人注重养生，他提出在沱茶里加人参，我们立即到下关配合下关茶厂的技术人员经过反复的试验、制样并经法国的食品检验机构检验符合饮用标准后，生产了第一货柜人参沱茶袋泡出口法国，反响非常好。甘普尔这样评价人参沱茶：80 岁的老头，喝了能上树。此后的几年，又开发增加了水果香型、花香型等口味的沱茶袋泡，几年下来，金桔沱茶袋泡、莲芯沱茶袋泡、玫瑰茉莉沱茶袋泡、茴香沱茶袋泡等纷纷面市。2003 年"非典"期间，在法国传说喝云南沱茶能防非典，那一年订单特别多。但是正在卖得火的时候，出了一个问题，导致茴香沱茶销售急转直下。日本出口法国的小茴香饮料、茴香糕点、茴香酒之类的产品在法国卖得很火，那年，有一个 12 岁的小孩，喝了日本的茴香饮料身体出了状况，经抢救无效死亡，法国政府就禁止所有茴香制品入关及销售，当时我们刚好有两个货柜的茴香沱茶袋泡产品已经到了法国，一个货柜已经销售完了，还有一个货柜怎么办？甘普尔先生就说，没关系，我们公司有两万多员工，全部发给员工抗"非典"。

云南沱茶不仅出口到法国，后来还出口到了西班牙、意大利、英国、比利时等国，虽然没有法国的量大，但是年年都有出口，因此，云南沱茶袋泡的产品中有法文版的、英文版的、意大利文版的。因为这个产品销量太好了，很多公司和厂家都想来代理，

2000 年，销法沱业务经理张静潇女士在意大利与 IMA 意玛公司总裁合影。意玛机是当时全球最好的袋泡茶生产设备。

但是云南省茶司有严格的规定，已经与甘普尔的法国公司签订了为期20年独家总经销协议，不允许其他家来做，其他商家也来做就违反了总经销协议。1996年云南省茶司成立了沱茶部，专管云南沱茶的所有事宜。国外的一些商家看到云南沱茶的商机，就从其他渠道购入，但是甘普尔先生对市场管理非常严格，他专门雇佣经济警察，每天就在市场上转悠，看到谁家在卖云南沱茶，一旦发现进货渠道不对，马上举报。

有一个小故事，一个在法国做贸易的老华侨，从香港买了一些云南沱茶去法国卖，虽然是真货，但是来路不对，照样被罚款，一罚就是60万法郎，第一年，他找到我们，各种求情，说都是中国人，就网开一面了，他还写了保证书，保证不再卖了，我们就去和法国方面协调，最后让他免罚。没想到第二年他又去卖了，这回说什么也没办法，60万法郎罚款交上去，可过了半年，他又卖了，又罚。商人就算是顶着被重罚的风险，还是要卖云南沱茶，可见它在法国太畅销了，利润也很高。后来云南省茶司就开会研究市场管理问题，漏洞出在哪里？就在香港！因为一部分云南沱茶是卖到香港的，而且香港市场是不能放弃的，于是我们就把两地的包装区分开来，销往香港的，印上"专销香港"，销往法国的就在盒子上贴一枚红色的标签，印上年份、条码、产品信息等，从此，有了这个标签的才叫真正的"销法沱"。

21世纪初，由于云南省茶司的改制和一些内部矛盾以及种种或主观或客观的原因，销法沱的出口量直线下滑。但回顾销法沱30多年的出口历史，由下关茶厂生产的出口法国的"销法沱"达到4620多吨，创汇7.2亿港币。销法沱自出口法国以来，都是熟茶，法国人也只认下关熟茶的味道，生茶他们是不喝的。法国人嘴巴是很刁的，如果某一批次的茶稍微品质粗糙一点，他们马上就说："不对，这批没有'焦香味'。"什么是"焦香味"谁也说不清，但这就是下关熟茶的特点，法国人就称作"焦香味"，他们对下关熟沱茶的味道非常熟悉。客观来说，云南的茶厂，能够数十年一直维持和延续产品的口感和品质的也只有下关茶厂一家。

欧洲市场在食品安全方面的标准是非常严格乃至苛刻的，对农残、水分、灰分、重金属都有严格的标准，包括后来加进去的各种辅料都是要严格检测的。但是我们的云南沱茶出口了几十年，从来没有哪一个批次出现农残、重金属超标的问题。下关茶厂在做销法沱的时候都是按照最严格的标准，最传统的发酵工艺来做，每个沱茶标着100g，但都是按照105g的标准来压制，只能多不能少。

现在，我们还能在市面上找到的销法沱的老茶，只有 1988 年和 1992 年两款，实际上，这两款分别是 1985 年和 1989 年生产的，因为法国的茶叶保质期是三年，包装上标注的是到期年份。为什么这两个年份的销法沱茶在国内还找得到呢？因为当时我们出口是按货柜来计算，货柜分大、小两种，大货柜可装 5.6 吨沱茶，小货柜少一半。1985 年 8 月的一个批次的沱茶，云南下关茶厂已经按大货柜的出口数量生产好了，可是订单临时改成是小货柜出口，标签都贴了，不可能撕下来，按小货柜的量发货以后，剩下的就只能存下来了。到了 1989 年，同样情况又遇到一次。所以真正意义上的有年份的销法沱，就只有这两批存下来，每批就 300 件。能在国内找到。食品到法国如果过了保质期还没有卖掉，都会被销毁掉的，在法国没人懂越陈越香，能在国外留存下来的销法沱是极少的，可以说几乎没有。

云南沱茶销法先驱费瑞德·甘普尔先生于 2009 年在他的故乡以色列一次身体全面体检中被医生检查出患有肝癌，但令医生无比惊讶的是，他患肝癌已有 20 年，但从未发作，医生仔细询问甘普尔先生时，甘普尔先生说："我健康的秘诀是，每天早晨喝一大杯云南沱茶、午餐时喝一杯法国红酒，下午再喝云南沱茶，睡前再喝一小杯红酒。"我与甘普尔先生三十余年的友谊、合作给我留下难忘的回忆，记得他对我说的最值得铭记的话是："人的一生做好一件事就成功了，我将云南沱茶介绍给欧洲消费者，也是把健康带给了他们。"

摄影／黄素贞

销法沱亲历者昌金强收藏的 1985 年销法沱原木箱包装。

寻找艾米尔实验报告

普洱茶的第一个医学实验报告

黄素贞／文

"艾米尔实验报告"是中国普洱茶第一次国际性的临床健康实验；该实验的结果令当时的国际食品界震惊，让云南沱茶（普洱熟茶）第一次在欧洲大地上赞誉频频。这是一个于 20 世纪 70 年代末在法国由艾米尔医生主导的实验，这个实验奠定了未来几十年关于普洱茶功效研究的基石，具有划时代的意义，它开启了普洱茶保健功能科学认知新时代。

看过无数篇关于普洱茶的文章，但凡提到茶叶保健功能或者健康功效的，写作者们都会不约而同地拿普洱熟茶"销法沱"于 1979 年在法国巴黎圣安东尼医学院临床教学主任艾米尔·卡罗比医生用云南沱茶所做的临床实验来举例。这个案例出现的频率高了，我们不禁想问，这个临床实验的报告在哪？这个实验是当时云南（下关）沱茶（普洱型熟茶）的欧洲代理商甘普尔先生委托权威机构进行的，实验结果出来后在法国高调举行了新闻发布会，被法国媒体频频曝光（业内简称"艾米尔实验报告"）。我们有理由相信，这份报告一定有留存下来，那么它究竟在哪里呢？我们何时能见"庐山真面目"呢？《普洱》杂志自创刊以来，曾通过多方途径，试图寻找到这份报告，直到 2015 年，才机缘巧合找到了这份报告的踪迹，尽管是份传真件扫描，部分字迹不那么清晰了，但是它确实真实记录了 1979 年那个临床对照组实验的全过程和实验结果。

这份报告因为种种原因，多年来一直隐匿在历史时空下，拿到报告的那天，整个编辑部都非常兴奋，迅速找人翻译了报告内容，在本期杂志上独家全文刊载，也是艾米尔实验报告在国内媒体上的首度公开。可以说，这是全世界范围内第一次对普洱茶的健康功效进行科学研究的临床实验。其实，在同一年，这个实验也在昆明医学院第一附属医院（云大医院）同步进行，云大医院的实验报告早就在国内媒体上刊载过，但是当时并未在国内引起什么反响，也许有宣传不到位的原因，但更多的应该是那个年代，国人的温饱问题都还没有得到解决，很少有"三高"之类的"富贵病"，普洱茶的降脂功效在当时不被大部分国人所需要。

20 世纪七八十年代，富裕的欧洲人的饮食结构大多是以高热量、高脂肪、高蛋白的食物为主，是"三高"症的多发时期，所以，当云南沱茶（普洱型熟茶）被法国权威医学机构证实其降血脂的功效等同于甚至优于降脂特效药氯贝丁酯，而且长期饮用无任何毒副作用的时候，整个法国都轰动了，从此，销法沱成了在药店里的保健品，成为医生的处方，更成了法国人民的生活必需品。也因为甘普尔先生的不懈努力，让法国人乃至欧洲人与云南沱茶（普洱型熟茶）结下了几十年的不解之缘。

随着 21 世纪初，中国经济的高速发展，国人的饮食结构也发生了变化，普洱茶在中国大陆复兴，有关普洱茶的健康功效研究也越来越多，但是，我们发现，大部分研究都不过是艾米尔实验报告的加强版和细化版。这份诞生于 1979 年，以下关茶厂出产的云南沱茶（普洱型熟茶）为样本对象的实验报告，可谓是普洱茶健康功效研究的先驱和基石，它正式开启了普洱茶健康医学的科学认知时代。

引用报告最后一句的谚语："与其诅咒黑暗，不如点燃蜡烛"。

熟 茶 FERMENTED TEA
一片茶叶的蝶变与升华

THE REPORT OF AMIR EXPERIMENT HAS PUBLISHED

艾米尔实验报告［全文］

ANALYSES MÉDICALES
医学分析

LABORATOIRE FUNEL
富能 (Funel) 实验室

Société à Responsabilité Limitée, au Capital de 80.000 F
有限责任公司，注册资金80.000法郎

Enregistré n° 75.5717
注册编号：75.5717

245, rue Lecourbe – PARIS XVᵉ
巴黎15区 – 勒古布街245号

Agréé n° 27-37
认证编号：27-37

TÊLÉPH. 828.59.23
电话：828.59.23

R.C. Paris 65 B 5475
巴黎工商注册编号 65 B 5475

PARIS, le 24 JANVIER 1979
1979年1月24日，巴黎

ESSAI DE L'INFLUENCE DU THE YUNNAN TUO CHA SUR LE TAUX D'ALCOOLEMIE DANS LE SANG.
有关云南沱茶对血液酒精含量影响的试验

Tests effectués sous contrôles médical, avec prises de sang les 17 et 22 JANVIER 1979, au restaurant DODDIN BOUFFANT.
试验是在医学控制下进行，分别于1979年1月17日和22日在DODDIN BOUFFANT饭店进行抽血。

PARTICIPANTS 参加者				Repas du 17/01/79 sans thé TUO CHA 1979/01/17进餐没有喝沱茶 (1)	Repas du 22/01/79 avec Thé TUO CHA 1979/01/22进餐，有喝沱茶	
Prénom 名字	Age 年龄	Taille 身高	Poids 体重		(1)	(2)
				en g/l 单位：g/l	en g/l 单位：g/l	en g/l 单位：g/l
Jean	56	168	68	1.21	0.88	0.54
Nicole	48			0.78	0.60	0.32
Pierre	49	173	67	1.10	0.81	0.64
Fred	61	168	78	1.29	0.90	0.81
Richard	22	175	65	0.90	0.80	0.65
Yves	37	163	61	0.84	0.71	0.60
Bernard	26	176	65	0.89	0.71	0.58
Véronique	21	168	55	0.79	0.68	0.52

1. Prise de sang effectués 30 minutes après la fin du repas.
   在饭后30分钟进行抽血。

2. Prise de sang effectuée 50 minutes après la fin du repas.
   在饭后50分钟进行抽血。

Les repas des 17 et 22 Janvier ont été rigoureusement indetiques tant du point de vue de la nourriture que des boissons absorbées.
1月17日和22日的进餐无论在食物还是摄入饮料方面都完全一致。

P. FUNEL,

OFFICE OF SOCIAL AID FOR PARIS / 巴黎社会救助办公室

SERVICE OF GERONTOLOGY OF THE ALQUIER-DEBROUSSE FOUNDATION
ALQUIER-DEBROUSSE老年医疗服务中心
148, Rne de Bagnolet, 75020 PARIS Tel. 371-25-15
巴黎Bagnolet街148号，邮编75020 电话：371-25-15

Service chief:
服务中心主任：

Dr. Emile KAROUBI,   圣安东尼医学院
Director of Clinical Teaching   临床教学主任
Faculty of Medicine, SAINT-ANTOINE   Emile KAROUBI博士

Paris, April, 1978.
1978年4月，巴黎

INTRODUCTION / 背景介绍

I, the undersigned, Dr. KAROUSI Emile, Director of Clinical Teaching at the Faculty of Medicine, SAINT-ANTOINE, doctor of the DEBROUSSE Foundation, swear that, at the request of DISTRIFRANCE Co. (1), I have carried out leats on a tea imported from the Republic of CHINA under the mame of YUNNAN TUO CHA.
本人KAROUSI Emile博士，文件签署者，现任圣安东尼医学院临床教学主任，DEBROUSSE基金会医生，兹宣布，应DISTRIFRANCE公司要求，本人对一种名为"云南沱茶"的中国进口茶进行了试验。

The YUNNAN is a frontier province of Southern CHINA bordering on to NORTH-VIETNAM.
云南是中国南方边境省份，与越南北部接壤。

085

DISTRIFRANCE Co., 9, Avenue de l' Alma, 94 210 LA VARENNE.

DISTRIFRANCE公司, 9, Avenue de l' Alma, 94 210 LA VARENNE。

According to the documents provided by DISTRIFRANCE, "known for centuries, TUO CHA is not only an excellent tea for general consumption, but also one of the fleurons of the traditional Chinese pharmocopoeia".

DISTRIFRANCE提供的材料显示，"沱茶驰名百年，不仅是日常饮用的茶中珍品，
更是传统中药典籍中记载的药用植物之一"。

Using these facts us a basis, we decided to carry out our experiments on two possible properties of this tea：

据此，我们决定开展实验研究沱茶可能具有的两种特性：

1. to look for any effect on weight without any restricted eating regime or without any anorexic prescription. We made it clear to each of our patients that we wanted them to continue with their former eating habits, even sometimes with some excesses if that was their habit.

   在无任何饮食限制及节食处方的条件下，探索沱茶对体重的影响。对于每一位参与实验的病人，我们都明确表示希望他们保持之前的饮食习惯，即使他们习惯偶尔过量饮食。

2. to look into an anti-lipid effect without any therapeutic prescription being taken for this overload, and in a general way, without any modification to their dietary habits.

   在不对过度饮食采取任何治疗方案且总体不改变任何饮食习惯的条件下，研究沱茶的降脂作用。

PHARMACOLOGY / 药理学

The black tea of the YUNNAN was subjected to a microacopie and chromatographic analysis by the FINEL Laboratory, 245 Rue Lecourbe, Paris 15eme, from which it was revealed that it was "apure tea, conforming to the French pharmacopoeia, neable in pharmacy as a medicinal product".

这种云南沱茶被置于显微镜下进行色谱分析，这项工作由FINEL实验室（245 Rue Lecourbe, Paris 15eme）完成。分析显示，
该茶为"纯品茶珍，符合法国药典，具有药用价值"。

GENERAL POINTS / 概要

Our investigation was carried out on 40 cases, of which 27 were women and 13 were men.

我们对27女、13男共40例样本进行了调查。

The ages ranged from 19 to 78 with:

年龄跨度从19岁到78岁：

- · 2 below 20 [20岁以下2例]
- · 4 between 21 and 30 [21岁到30岁4例]
- · 4 between 31 and 40 [31岁到40岁4例]

- · 10 between 41 and 50 [41岁到50岁10例]
- · 11 between 51 and 60 [51岁到60岁11例]
- · 4 between 61 and 70 [61岁到70岁4例]
- · 2 over 70 [70岁以上2例]

I. EFFECT ON WEIGHT / 对体重的影响

1. We considered, after at least one month's treatment as:
   在至少一个月的治疗以后，我们按如下标准对结果进行统计：

   NIL result → no loss of weight or a loss of less than 1kg.
   无效果 → 体重无减轻或减轻少于1kg。

   MEDIUM result → a loss of 1~2 kg
   效果一般 → 体重减轻1~2kg

   GOOD result → a loss of 2~3 kg
   效果良好 → 体重减轻2~3kg

   VERY GOOD result → a loss of 3 kg or more.
   效果极佳 → 体重减轻3kg及以上。

2. We studied 38 canes and we specified constantly that all those interested should not follow a restricted regime; if not to exaggerate the difference, at least to remain faithful to their eating habits. We are not sure of always having been obeyed but this gives more value to the good results.
   我们对38例样本进行了研究，并始终明确所有参与者均不应控制饮食；即使不扩大差异，但至少保持原有饮食习惯。我们不能确定此项规定能贯彻执行，但能让得出的结果更有意义。

3. The investigation showed that:
   调查结果为：

   1 VERY GOOD = 2.63% (1例极佳 = 2.63%)
   5 GOOD = 13.15% (5例良好 = 13.15)
   10 MEDIUM = 26.30% (10例一般 = 26.30%)
   22 NIL = 57.92% (22例无 = 57.92%)

4. There was no correlation with age since:
   结果与年龄无相关性，证据如下：

   VERY HOOD case (No.25) was 68 years old
   效果很好的样本（第25号）为68岁

   GOOD cases (Nos.15, 20, 28, 31, 33) were 49, 52, 47, 54 and 50 years old respectively.
   效果较好的样本（第15、20、28、31和33号）分别为49岁、52岁、47岁、54岁及50岁。

   The young subjects (up to 30 years old) who, psychologically, should have been more motivated from the point of view of slimming, classified themselves into three NILs and two MEDIUM.
   从心理学角度来看对减肥应更有积极性的年轻样本（30岁及以下）结果却为3例无效果及2例效果一般。

II. EFFECT OH LIPID METABOLISM / 对脂代谢的影响

We studied in turn the effect on the level of ⎡TOTAL LIPIDS / 总脂
我们依次研究了云南沱茶对以下几种脂类水平的影响⎢CHOLESTEKOL / 胆固醇
⎣TRIGLYCERIDES / 甘油三酯

We considered the development of the levels as a percentage of normal with regard to the averages provided by the analysing laboratory. So we considered generally:
对于分析实验室提供的均值，我们用正常水平所占百分比来表示这些脂类水平的变化。因此总体上我们判定：

as a NIL result, a percentage improvement less than or equal to 25%
百分比增加≤25%为无效果]
as a MEDIUM result, a percentage improvement of between 25% and 50%
百分比增加介于25%~50%之间为效果一般]
as a GOOD result, a percentage improvement of between 50% and 75%
百分比增加介于50%~75%之间为效果良好]
as a very GOOD result, the return to normal of the LEVELS considered.
所研究的脂类水平恢复正常为效果极佳]。

I. EFFECT ON LEVELS OF TOTAL LIPIDS / 对总脂水平的影响

We examined 15 cases.
我们检测了15例样本。
Normal was fixed at the level of 7gr. of lipids.
正常总脂水平固定为7g。
We endel up with.
结果为：

> 3 YEAR GOOD results (Nos. 15, 19, 33) = 20% of cases
> 3例效果极佳（第15、19和33号）= 总样本20%
> 2 GOOD results (Nos. 18, 23) = 13.33% of cases
> 2例效果良好（第18和23号）= 总样本13.33%
> 5 MEDIUM results (Nos.6, 16, 30, 32, 38) = 33.33% of cases
> 5例效果一般（第6、16、30、32和38号）= 总样本33.33%
> 5 NIL results (Nos.8, 25, 27, 39, 40) = 33.33% of cases
> 5例无效果（第8、25、27、39和40号）= 总样本33.33%

To sum up /小结：

> in of the cases we obtained an improvement in the level of LIPIDS of 50% to 76.92%
> 1/3样本正常脂水平所占百分比上升50%至76.92%。

> in another of the cases this percentage improvement went from 25% to 50%.
> 另1/3上升25%至50%。

> finally in the NIL results it is necessary to point out a case (40) where the improvement reached 24.24% but we adhered strictly to our classification in keeping him in this category.
> 最后有必要指出，结果为无效果的案例之一（第40号）正常百分比增加达24.24%，但我们仍严格执行分组将其划分为无效果。

These results as a wholes without either, a special regime or treatment, surprised us agreeably and they seen to us to merit a fuller study both in the number of cases but also into how this tea has such an effect. From the outset it seemed to us useful to add TUO CHA the diets of people with high levels of lipids alongside specific therapy, which, of course, it does not pretend to replace.
在无特殊饮食或治疗的前提下，这些结果总体上令我们感到惊喜，我们认为它们值得进行更全面的研究，包括增加样本数量和深入研究该茶的作用原理。从一开始我们就认为，在高脂水平人群的饮食中加入沱茶，将配合而非取代特异性疗法发挥作用。

II. EFFECT ON LEVEL OF TRIGLYCERIDES / 对甘油三酯水平的影响

We used 13 cases. [我们检测了13例样本。]
Normal was fixed at the level of 1.30gr. of TRIGLYCERIDES. [正常甘油三酯水平固定为1.30g]

1. Among these 13 cases, six had normal levels to begin with. Among these six cases (NOs. 15, 18, 23, 32, 33, 40) only one (No. 40) developed unfavourably whereas the five others developed favourably, seeing the level of triglycerides diminish still further. They are therefore to be included in those benefited by the tea.
   这13例中的6例在初始时为正常水平。6例（第15、18、23、32、33和40号）中，仅1例（第40号）变化不尽人意，其他5例都往好的方向发展，甘油三酯水平继续下降。因此，他们被划分为该茶的受益者。

2. Among the seven remaining cases, we obtained:
   其余7例结果为:

   - 4 VERY GOOD results (Nos. 16, 19, 25, 30)
     4例效果极佳（第16、19、25和30号）
   - 3 NUIL results (Nos. 8, 27, 39).
     3例无效果（第8、27和39号）

3. To sum up / 小结:
   in nine cases out of 13 drinking the tea led to normal or contributed to the towering of the already normal levels of TRIGLYCERIDES, which gives us an appreciable percentage of 69.23% favourable results.
   饮用沱茶的13例样本中的9例甘油三酯水平恢复正常或由正常水平继续降低，有效率达69.23%，结果相当可观。

   in 4 cases out of 33, i.e. 30.77% of the cases, the results were NIL. It would be intereating to pursue the investigation both in terms of number of cases and into how the tea produces its effect. And our conclusions on the benefit of adding it to the diet of people with high levels of triglycerides can be added to our preceding conclusions on hyper-lipids.
   33例中的4例，即30.77%的样本，结果为无效果。研究结果表明该样本值得在样本量及作用原理上继续深入探索。在此研究中，我们的结论为，将沱茶加入高甘油三酯水平的人群食谱将有利其甘油三酯水平的降低，这与在高脂研究中得出的结论相辅相成。

III. EFFECT ON CHOLESTEROL LEVEL / 对胆固醇水平的影响

We had 16 cases.
我们检测了16例样本。
Normal was fixed at the level of 2.30gr. of CHOLESTEROL.
正常胆固醇水平固定为2.30g。
We obtained / 我们得到:

2 VERY GOOD results 2例效果极佳	= 12.50% of cases (Nos.15, 33) = 总样本12.50%（第15和33号）
3 GOOD results 3例效果良好	= 18.75% of cases (Nos. 25, 36, 39). = 总样本18.75%（第25、36和39号）
3 MEDIUM results 3例效果一般	= 18.75% of cases (Nos. 19, 23, 38) = 总样本18.75%（第19、23和38号）
8 NIL results 8例无效果	= 50% of cases (Nos. 6, 8, 16, 18, 27, 30, 32, 40). = 总样本50%（第6、8、16、18、27、30、32和40号）

To sum up /小结:
in 31.25% of these cases the use of THO CHA TEA produced good or very good results and, including the medium result cases, a percentage of 50% was achieved. This, I repeat, appears very interesting.
饮用沱茶的样本中31.25%效果良好或极佳，包括一般效果在内，有效百分比达到50%。再次说明，这个结果十分值得关注。

IV.

It appears to us equally beneficial to present a comparative study of the effect of this tea on the metabolism of lipids, triglycerides and cholesterol.
我们认为，对比研究沱茶对总脂、甘油三酯和胆固醇代谢的影响同样有益。

In the greet majority of cases (11 out of 15) there is a correlation between the three effects or between two of them; more often than not, lipids and triglycerides. The development of the levels are on a par whether it is a question of favourable or unfavourable effects, as appendix 2 of our report shown.

大部分样本（15例中的11例）显示出三种影响或其中两种之间的相关性，尤其对总脂和甘油三酯。如报告附录2所示，这些脂类水平的变化显示出平行性，不论总体效果有利或不利。

V. EFFECT ON URIC ACID IN THE BLOOD / 对血液中尿酸的影响

Completely independently of our research, we have had the opportunity to observe the development of the levels of urie acid seven times during the taking of the tea.

该研究独立于我们的研究计划，我们额外获得机会7次观察饮用沱茶期间样本尿酸水平的变化。

6 times (Nos. 18, 19, 32, 36, 38, 40) we observed a lowering of the level.

我们6次（第18、19、32、36、38和40号）观察到血尿酸水平的降低

Once (no. 27) it became quite heightened, its development following, in this sense, that of the levels of lipids triglycerides and cholesterol.

1次（第27号）该水平相对升高，从这个意义上讲，此变化是与总脂、甘油三酯及胆固醇水平的变化相对应的。

We refrain from drawing any conclusion from that apart from the parallelism of effect, because some patients had followed a light anti-uric therapy.

除影响的相似性外，我们不作其他结论，因为一些病人曾接受过光照降尿酸疗法。

GENERAL CONCLUSIONS/总结

On the whole, if the effect on weight of YUNNAN TUO CHA TEA taken according to our instructions has been shown to be too inconsistent to be taken into consideration, we have been agreeably surprised as regards its effect on the lipid metabolism. It is indisputably on the levels of triglycerides that, statistically, the results look very encouraging; then in order of decreasing efficacy, the effect on total lipids and cholesterol.

总体上，根据我们的说明，如果饮用云南沱茶对体重的影响因自相矛盾而不作考虑，那么其对脂代谢的作用则令人惊喜。它对甘油三酯水平的影响毋庸置疑，从统计学上讲，此项结果十分令人振奋；对总脂及胆固醇水平的作用效果则依次减弱。

We wish to emphasise that this investigation was conducted without notification of the previous eating habits and without therapeutic additives. Also that enables us to recommend strongly the addition of YUNNAN TUO CHA TEA to the diet of people with high levels of lipids, as a therapeutic adjuvenant necessary in other respects.

我们希望强调的是，此项研究是在不改变以往饮食习惯且无治疗性添加物的条件下进行的。鉴于此，我们强烈建议将云南沱茶加入高脂水平人群的饮食中，作为其他必需疗法的一种辅剂。

It seems to us equally beneficial to have to complete this preliminary study with a study of a larger number of cases but we wished to draw the attention of our colleagues quickly to this simple anodyne possibility without side-effects and fully beneficial.

以更大的样本量来完成这项初始研究十分有必要也同样有益，但我们希望尽快引起同行们的注意，来关注这种简单的有百利而无一害的治疗可能。

Did not Confusius say "it is better to try to light the smallest candle than curse the darkness"?

有句谚语不是说过："与其诅咒黑暗，不如点燃蜡烛"？

7581 与昆明茶厂的故事

杨凯 / 文

　　昆明茶厂的前身是 1939 年 5 月成立的云南中国茶叶公司下属的复兴茶厂。他们租用金碧路 477 号房屋，加工川销沱茶和普洱方茶。厂长先后由云南中茶公司经理郑鹤春兼任，中间一度为来自内地的童衣云。李宗桂任技术主任、副厂长（中华人民共和国成立后曾任下关茶厂厂长）。来自内地的技术人员对普洱茶却摸不着头脑，他们又聘请了在昆明专做沱茶的茶工汪汝钦、汪汝云为工厂的技术员。茶厂的沱茶原料主要来自勐库和凤庆，由顺宁茶厂（凤庆茶厂前身）代购；普洱茶原料则来自易武，由佛海茶厂（勐海茶厂前身）代购。沱茶的商标是复兴牌。

　　他们边生产边摸索，渐渐地，复兴牌沱茶也成了泸州、宜宾小有名气的产品，宜宾市场还出现了仿冒产品。

　　1950 年，中华人民共和国茶叶公司接管了"民国"时期中国茶叶公司的所有资产，复兴茶厂自然也归了新中茶。为了重新规划茶

叶生产和原料配置，公司将沱茶业务分给了下关茶厂，复兴沱茶的时代结束了。

在复兴茶厂的基础上，昆明茶厂几次改名，并在 1956 年合营了华胜茶庄、复聚茶庄、颐和茶庄、协计益诚烟茶庄、永兴茶庄、顺利茶庄等六家私营茶庄。此时，他们更多地生产配茶、红茶、内销砖茶、花茶，旧茶庄的业主们也成了拿工资的技术人员，杨复聚号的杨禹三甚至还当上了副厂长。

1960 年，茶厂正式命名为云南省昆明茶厂。主要加工内销青茶（即精选的晒青茶）、青砖、花茶、红茶和少量的边销茶。为了生产花茶，他们每年将茶胚运到广州，再在当地采购玉兰打底、茉莉花窨制，每天彻夜工作。

由于昆明茶厂位于云南省茶司眼皮底下，其他茶厂出问题的紧压茶，也常常要拉回昆明茶厂进行技术处理，以求达到生产和销售标准。在制作内销、边销茶时，所有级外原料是要发酵的。因此，昆明茶厂很早就有自己的边销茶发酵工艺和技术。但是，昆明砖茶和其他茶厂生产的砖茶还是有区别的，除拼配比例不同外，昆明的砖茶和景谷茶厂的相似，是没有拼进红副茶的，而其他茶厂生产的紧茶（包括砖茶、牛心茶），中间有 8% 的红副茶调色。

　　1973 年，云南省茶叶公司赢得了普洱茶的自主出口权。为了搞好出口，他们注意了两个方面的调研，一个是向过去调配云南原料出口的广东同行请教，一个是主动和香港茶商联系，了解买方的真实需求。1973 年，当时云南省茶叶公司主管普洱茶的业务员黄又新听说广东茶叶公司有几个一线从事普洱茶加工的工人在昆明白鱼口疗养院疗养，他就请他们来昆明茶厂参观、座谈，座谈中他们了解到广东普洱茶出口并不是生茶调到广东就直接外运香港，而是要经过一个发酵工序，这个发酵工序在当时已相当成熟。茶厂的老茶师陈佩仁则认为这种茶与中华人民共和国成立前昆明瑞丰茶庄生产的茶相似，他曾和他父亲一起试制过。而在云南，自从 20 世纪 60 年代末交通改进，紧茶由心脏型改为砖形后，公司已将粗老茶发酵工序省略了。这两个工艺改变带来的问题后面我们还会提到。

　　座谈会后，公司决定派一些技术骨干去广东学习发酵。当时，昆明茶厂派出的是吴启英（当时厂里唯一的大学生）、李桂英等三人。陈佩仁由于出身不好，被从最后的学习名单中划掉了。

　　那时，昆明茶厂的工人们对铺张浪费非常反感。陈佩仁那时在检审科，每天必须对生产出来的茶叶做检验，要开汤，副厂长杨禹三也时不时地找他要茶叶喝。厂里的进步工人不高兴了，说他们每天不但喝茶，有些茶喝一口还要吐掉，这是极大的浪费！厂里决定，陈佩仁必须从每月六十元的工资里扣出 2 元的茶钱。杨禹三也交了相应的茶钱。

　　不能出去学习的陈佩仁感到非常窝火（昆明话叫"鬼火绿"），他顶着巨大的压力，决定争口气证明一下自己。他向茶厂申请，用积压、受潮的 1 吨粗老料，参考自己中华人民共和国成立前试验过的方法，用一种类似昆明人捂豆豉的方法，做出昆明茶厂的第一批熟茶。

　　吴启英他们的广东学习据说效果极差，对方根本不让他们接触实际的生产。因此，学习回来后，他们成立发酵组攻关，调戚桂英为发酵组长。但是，轮到向茶叶里泼水的工序时，问题出现了，谁也不敢开水龙头，害怕把茶搞坏，担破坏生产的责任。吴启英在旁边看着着急，最后只好自己打开水龙头，向茶叶堆上洒水。毕竟，她在学校学过黑茶工艺，在广东也听说过广东普洱茶工艺，看到过泼水茶，心里是有一些底的。

图1~2：20世纪90年代位于书林街石桥铺的昆明茶厂的大门。

图3：20世纪80年代，昆明茶厂厂长吴启英及茶厂职工与香港客商在茶厂门口的合影。

图4：2000年以后，各种包装的7581砖。

经过一段时间的摸索，在把广东洒温水改为洒冷水后，昆明茶厂的熟茶渥堆发酵才算成功。戚桂英他们当年生产熟茶9吨，将陈佩仁试验的1吨也拼配进去，全部出口到香港。香港人品鉴后认为，你们这批茶是烘干的，这个工艺以后要改。

为了便于运输、检验和报关，公司开始为各茶厂设定唛号，普洱茶散茶用五位数字表示，紧压茶用四位数字表示，尾数为"1"的均为昆明茶厂产品。那时昆明茶厂的主要产品是：75081、75091、75101散茶和用这三种茶压制的7581砖。

普洱砖茶的研制大约在1975年，当时公司要求昆明茶厂增加品种，试验生产发酵熟茶制成的砖茶，要求粗枝大叶，

摄影/阿黄

但条形必须明显。昆明茶厂用发酵的熟茶八级茶 20%，九级茶 30%，十级茶 50% 压制成砖茶，被公司编为 7581 送样，得到港商认可。这个时间，似乎比勐海茶厂研制成功 7572 圆饼茶稍晚一些。

7581 大量的生产和出口，却是 1976 年的事了。说起这件事的起因，还得从 1973 年下关茶厂调运西藏的一批茶砖说起。

历史上，销往西藏的紧茶是心脏型的，心脏型茶的好处一个是经过适度发酵，喝下去后身体吸收的时候对氧的需求量稍小，适合高原缺氧地区的需要；另一个优点是每个茶单品之间有很大空隙，运输过程中通风透气，不容易发霉。六十年代末，为提高工效、机器生产，云南省茶司要求将心脏型紧茶改为长砖型，同时，下关茶厂决定停止发酵工艺，提高工作效率。

1973 年，下关茶厂用这种新工艺生产的一批边销砖茶运到西藏，藏民反映这批茶喝了以后头晕、拉肚子。公司派人去西藏调查，结论是这批茶里掺了过多的野生茶（笔者一直对此说持部分怀疑态度，认为野生茶可能只是原因之一，另一个可能的原因是下关茶厂革委会取消了紧茶原料的发酵工艺，导致高原藏民在消化茶叶的过程中，消耗了身体里珍贵的氧所致），决定这批茶全部拉回昆明。

茶叶拉到昆明，云南省茶司决定不再拉回下关，而是就近利用昆明茶厂新近研究出来的发酵技术，用大量的其他茶拼配进去，生产新的砖茶。新砖茶的销路由藏销变

为出口。

他们用澜沧八级茶为撒面，用台刈茶做包心，将全省各地的原料拼配在一起压成7581成品。这里的台刈茶实际是十级制的九级、十级茶，因为比较松泡，不方便运输，茶叶公司就要求下面的原料收购站和基层茶厂将这种茶略潮水，放入篾编的大包里，用重物压紧后形成的。使用前，先还要用斧子砍开，再放在小发酵池里，每天晚上利用锅炉余热，也就是用锅炉的蒸汽蒸软，第二天再拼入大堆发酵。实际压制时，他们调整了八级盖面的用量，大约只占总量的 10% 左右。

原料有了，工艺成熟了，但是如果用过去的木模手工压制，效率太低。他们决定利用云南纺织厂提供的棉花打包机，用铝制成方型模具，每模有 24 孔，也就是说压一次可以压 24 片砖茶。他们在北门街找到体育用品厂，利用回收铝打制铝模。由于打包机压力很大，操作稍有不当，铝模就会损坏，这时就得重新打制。据说，昆明茶厂仓库里存了很多这种报废的铝模具，攒到一定量再去重新熔化后再加工模具。

这批野生茶用了不少时间才拼配完。

随后，昆明茶厂又研制出 7811（十级、级外各 50%）茶砖，这种茶砖和 7581 的区别是用料更粗老，7581 要求条形明显，而 7811 则有更多茶片。7811 的销路明显不如 7581。

20 世纪 80 年代，昆明茶厂不断添置设备，除自己加工普洱茶外，还承担起全省普洱茶的拼配任务，成了年产两万担的大中型茶厂。此时，7581 原料中的台刈茶也被正常的条茶取代，7581 的口味与 70 年代应该是有一定区别的。

进入 20 世纪 90 年代，茶叶统购统销政策的结束，加上公司内部的一些矛盾，位于书林街石桥铺的昆明茶厂渐渐走了下坡路，很多茶厂职工离开茶厂，自己开灶制造普洱茶，表现最突出的是翟元宏和陈佩仁。前者于 1992 年与项金山、耿庆国合作，发明了小沱茶冲压技术，这种茶现在常被称为金弹子，当年称为绿宝小沱，正式名称为 "迷你沱茶"（当年绿宝茶厂的英文错印为 Superb Mini Pu-erh Tuo Cha，多了一个 "b"）；后者帮助别人创建了春城茶厂。

随后，茶厂把自己的房子拿出一部分租给云南省茶司下属的深圳富华茶苑发展公司，接着，厂房变成了鞋城的仓库。进入 21 世纪，公司规定只要有能力就可以自己成立部门，生产销售茶叶。因此这一时期生产的打 7581 招牌的产品，基本是茶厂和

摄影／杨凯

位于昆明跑马山的云南茶厂。

公司下属单位在其他地方生产的。其中，茶厂原骨干（当过短时间的副厂长）的谭梅在十里铺租了厂房，以昆明茶厂部门的名义生产了相当数量的7581。

2005年底，云南省茶司看准了"中茶"商标的市场前景，为了彻底理清内部的混乱，决定利用原跑马山茶叶拼配厂（正式名称云南茶厂）的场地，重建新的昆明茶厂。临危受命的就是张平。尽管张平在茶叶公司从事出口已经十多年，20世纪90年代也多次在昆明茶厂实习，但她终究是学法语出身，茶叶知识是半路学来的手艺，她必须投入更多的精力。同时，她召回原昆明茶厂的一些技术骨干，如发酵师王红梅，并向外找合作企业取经，终于，在最短的时间内生产出高质量的7581等系列产品。其中，第一批背面印刷红色条形码的7581砖和第二批7581砖写明是1998年原料、2006年加工，由于这两批茶中间优质老料的原因，几年后更是受到市场的追捧。而看似简单的恢复生产过程，个中辛劳与艰苦，旁观者无法体会。

7581的故事就像一个波澜起伏的传奇，仍将继续上演下去。

熟茶标杆 7572

程昕 / 文

　　7572 是勐海茶厂熟茶的滥觞之作，也是勐海茶厂的常规熟茶产品，357 克，七子饼茶包装，从 20 世纪 70 年代中期生产至今，总产量至少 10 万吨以上，可以说，勐海茶厂的熟茶之路，就是从 7572 开始的。因为是滥觞之作，勐海茶厂投入了全部精力和技术力量，在研究如何拼配中发现，普洱茶的口感，尤其是甜度而言，七级茶最好。不能将绿茶及其他茶类的感官审评鉴别方法套用在普洱茶原料上，即原料品级越高营养价值越高，反之，品级越低营养物越少。这种粗老茶叶不仅是饼茶形成"网状骨架"的主力，同时也因内含物质的特性，使它成为普洱茶后续发酵与转化的"骨干力量"。因此，勐海茶厂的第一款熟茶，事关重大，既然 7 级茶的口感等较好，就选为主料吧。若干年后，权威部门检测发现，普洱茶 7 级茶中还原总糖含量最高，7 级茶用于制作饼茶的主料，是上佳的选择。真是冥冥之中，有一种神秘的力量，使勐海茶厂走向辉煌。

摄影／李一波

7572 采用金毫细茶撒面，7 级青壮茶青为里茶，精心发酵，拼配恰当，不同等级茶叶的优点发挥得淋漓尽致，茶叶色泽褐红，嗅之馥郁芬芳；开汤后深红透亮，饮之滋味醇厚、滑润、口感丰富、甜香中透着糯稻香；泡完后观叶底，乌润发亮、筋骨感强，捏之弹性十足，虽为全发酵茶，但发酵度掌握得恰到好处，不烧心。加之饼型线条优美，压制松紧适度，极有利于该茶的后发酵，也便于起茶，总之，综合品质高。正因为如此，被市场誉为"评判熟茶（普饼）品质的标准产品"。

自 20 世纪 70 年代中期问世至今，7572 在 40 年的悠悠岁月中打造了一个普洱茶界的传奇。其卓越而恒定的品质背后，一个重要基点正是勐海茶厂的产品拼配技术。较之某些单一茶青简单加工而成的所谓"一口料"产品，7572 之所以成为经典，更胜在数十年如一的纯正口味和稳定品质；更胜在品感协调丰富，并达致"不偏不倚"的"中和"境界。而圆熟精深的技术保障，才是其生生不息的活水源头。承载了勐海茶厂几代茶人智慧，7572 的品质达到了和谐、稳定的境界。茶饼外形的嫩度与成熟度，茶汤滋味的厚度与醇滑度，茶汤香气的高扬和纯正度融会贯通，一气呵成。7572 是

茶 FERMENTED TEA
一片茶叶的蝶变与升华

大益茶的代表，更是成为普洱茶经典的象征。

7572 能成为经典，还来自勐海茶厂得天独厚的两件法宝："一源井"和"发酵池"。

自古佳酿离不开好水，有好水才能成佳酿。没有赤水河，茅台不会成为茅台；没有古井亭，牧童不会遥指杏花村。

制作熟茶亦如酿酒，叶是躯体，水是灵魂。上好的茶叶，要用好水才能浸泡出滋味，否则便是浪费。在熟茶的制茶过程中，优质茶叶和优质水源，更是缺一不可。

1975 年，勐海茶厂开始大批量生产熟茶，因为渥堆发酵用水量大，车间又是新改建，为了取水方便，也为了节约成本，勐海茶厂在发酵车间旁开凿了一口 10 米深的水井，这口水井就是今日的"一源井"。让所有人没想到的是，就像陕西的农民无意间挖了一个洞，发现了秦兵马俑，从而震惊全球一样，神奇的事情发生了，经这口井水发酵的普洱茶，有一股非常独特的香气，比起自然陈化的陈年普洱竟毫不逊色！人们也尝试过用别的水制茶，但事实证明，只有一源井水制出来的茶最醇、最香。

后来据地质学家考证，"一源井"井水来自地壳深部，是从地下岩层中渗出的地下水，含矿物质适度、氯化物极少，最适合用来煮茶、泡茶。每年有关部门组织的水质检测也显示，"一源井"井水水质优异，符合世界卫生组织提出的 6 个优质饮用水标准。

去看过"一源井"的人都会惊叹不已：一眼 10 米多深的水井，竟然如小溪一般清澈见底！透过清亮澄澈的水，还隐隐可见井底细碎的白沙！

究竟是什么神秘力量，使得一口看似普通的水井如此神奇？

相关专家指出，这跟勐海本身的地理特点有关。勐海地区 2 ~ 3 级地震极为频繁，地球自身的振动、磁场作用，将地质中各种微量元素颤动溶解到水中，形成了富含矿物质的"磁化水"。这种"磁化水"特别适合孕育优质茶树，而大片茶树的养殖又反过来影响勐海的生态环境，使地下水得到过滤、净化。

"一源井"正是位于这些干净地下水的汇聚之处。

据了解，"一源井"井水的水分子特别紧密，有非常明显的补水和美容功效，特别适合爱美人士饮用。

勐海茶厂的制茶人把"一源井"称为"圣泉"，十分重视井水水质的保护。不仅为这口井搭了个"遮雨棚"，还为它做了一顶锥形的"铁帽子"，防止灰尘和落叶落

摄影 / 段兆顺

大益集团勐海茶厂内的"一源井",据说是经典"勐海味"的源泉。

入井中。而今,勐海茶厂专门建了保护设施,并将相关情况刻在墙壁上。

2005年以前,"一源井"只是一口没有名字的水井。随着来厂要求观瞻的茶商日多,勐海茶厂开始意识到这口井的重要性,终于在2005年10月25日,由董事长吴远之先生将其命名为"一源"。"一源"即"唯一的水源",吴先生说:"它不仅是造普洱茶最好的水,也是勐海茶厂的命脉。"

因为有"一源",才有了独一无二的"勐海味",才有了大益集团的腾达与辉煌。"一源井"可以说是当之无愧的"天下普洱第一泉"。

勐海茶厂的另一件法宝就是发酵池,设在二车间内,即普洱茶生产车间内,1976年建成,是最早的云南开始生产普洱熟茶的发酵池之一。岁月悠悠,发酵依旧。40年来,一批一批的熟茶从发酵池中生产出,微生物和菌群不断地生长、繁衍,不断依附在发酵池的木头上,不断地弥漫在车间的空气中,不断地渗透在车间的每个角落。冬去春来,年复一年,在勐海县城的生态环境下,逐渐形成了勐海茶厂熟茶的独特风格,从发酵池中生产出的熟茶,在不知不觉中成了普洱熟茶的标杆,成为广大茶人津津乐道的"勐海味"。勐海茶厂的发酵车间属于国家保密项目,不允许外人参观、拍照。

"外贸会战"，唤醒云茶

精品化的 Y562，Y671

程昕 \ 文

"云南外贸茶叶小包装会战"（简称小包装会战）是一次对普洱茶产生重大影响的事件，这个词汇，在今天看来充满了火药味，但在那个充满热情和干劲的时代，却是正常的，其实质就是一次商品的研发行为，是云南茶人像组织一场战役那样，组织打响的一次普洱茶觉醒之战，虽然只是针对外贸茶（熟茶）而设计的，但其影响力远远超过外贸本身，对普洱茶出口，对普洱茶生产和推广都产生深远的影响。

熟茶，自生产出来后，多以麻袋和三层板箱的大包装（即散茶）形式，低价卖到广东、香港、上海等地，那边的商人将大包装打开，再以自家品牌的小包装将茶叶装入，高价卖出。换句话说，云南赚小头，其他商人赚大头。更为担忧的是，云南茶叶有品无牌（都用中茶牌商标或其他商标），在中外茶叶市场上不具竞争优势。云南必须有自己的声音和品牌，必须改变"一等商品，三等价格"的落后现状!

1980年新年伊始,由云南省外贸局副局长白玉坤挂帅,从云南省包装进出口公司和云南省茶叶进出口公司抽调人员,组成"云南外贸茶叶小包装会战指挥部",下决心打一场设计云南出口普洱茶的小包装攻坚战。任务就两个:设计出高质量的、云南自己的商标品牌,设计出云南人自己的、有文化品位的小包装。商标和小包装设计的核心人物有两个:一个是云南省包装进出口公司的尹绘泽,一个是云南省茶叶进出口公司的唐政。

唐政讲起这段往事,这样回忆:

首先要设计省茶叶进出口公司的标志。茶叶企业的标志既要准确体现企业的经营管理,又需要有深厚的茶文化底蕴,图形还要简洁易识别。这就需要从华夏3000年丰富的历史与文化中去提取能表现云南茶叶悠久历史和强劲市场活力的设计元素;在此基础上再提炼加工,赋予新的形式和内涵。思路清晰了,但"文革"刚结束,百废

Y562"高级"普洱散茶小包装,该包装由尹绘泽设计。
由唐政设计的吉幸牌商标(俗称"下山虎")是云南茶业的第一个自有商标。

Y671"中级"普洱散茶小包装，该包装由唐政设计，
（俗称"小黄盒"）。

待兴，连老祖宗的传统图案和民间艺术图形都难找到。两人多次往
返图书馆。最后，在《文物》和《考古》杂志上找到了素材：西汉
时期的出土文物"镂空螭虎"玉佩和甘肃武威出土文物"铜奔马"，
于是二人分工，唐以玉佩为元素设计，尹以铜奔马为元素设计。最后，
选用了以"镂空螭虎"为元素设计的"吉幸"标志。

"吉幸"标志的意念取玉佩寄托人们追求吉祥、幸福的美好愿景。
原玉佩呈圆形，经提炼加工，图形简化成一只开放的下山虎，既不
失传统造型艺术之美，又隐喻虎为兽中之王，茶则为饮料之首。其
优美的曲线与动感，蕴涵着云南茶叶悠久的历史和旺盛的生命力。

其次是设计两款小包装，一款"高级"，一款"中级"。两人分工，尹绘泽负责"高级"的 Y562，唐政负责"中级"的 Y671。

"高级"的商标图形经过反复构思，最后决定用战国时期湖北云梦睡虎地的漆器作基础图形，配以黑底上的朱砂色漆器纹样和白色的品牌文字，给人以厚重的历史感和强烈的视觉冲击力，较好地表现了普洱茶的商品性。"中级"则以高贵的黄色配白字，显得简洁、大气。

黑色的是"高级普洱茶"，唛号 Y562，昵称"小黑盒"，100 克装，黄色的是"普洱茶"，唛号 Y671，昵称"小黄盒"，100 克装。两个月后，尹、唐二位老师小心翼翼地带着用广告颜料手绘的如同印刷品的包装盒到春季广交会上。让人高兴的是，这两个凝聚着"参战"人员心血的"高写真"包装一出现在交易会当天，就有日本、法国、香港、澳门的商人要求按这两个包装盒订货。功夫不负有心人，这两款小包装普洱茶一炮打响。有个小插曲，一位香港商人提出在"Y562"的"高级"二字前面再加个"最"字，并大量订货。第一批正式印刷就按此印的，但后来有人提出，"文革"刚结束，"最高级"容易和"最高指示"产生联想，以后的包装去掉了"最"字。

Y562，用 5、6 级熟茶拼配，由勐海茶厂提供原料。Y671，6、7 级熟茶拼配，由昆明茶厂提供原料。两款茶条索干净、均匀；色泽乌润，汤色红艳透亮；挂杯陈味浓，口感甜香，下口滑顺，厚重感强；叶底手感较有弹性，不腐不碎，实在是上好茶品。有一个小故事：当时，全中国无论飞国内还是国外，就一个的航空公司：中国民航，每次航班都会送点小礼品，"小黑盒"Y562 再次被缩小，成为仅能装 15 克的"小小黑盒"，随中国民航的飞机飞往全国各地，飞向世界各国。

笔者有一个感叹，这两款经典的小包装，产量又大，对云南的贡献亦大，但就像生产的大量散茶一样，因为是提供散茶原料放入"吉幸"牌中，没有引起重视。

小包装会战两个目的都达到了：设计出中华人民共和国成立后的云南茶叶的第一个商标——吉幸牌商标；设计出两个小包装——Y562、Y671，为云南茶界的觉醒做出积极贡献。

澜沧味，匠人心

段兆顺 / 文

　　许多人认识"澜沧味"，是从 0085 开始的。这款有着独特气质的熟茶，不仅开创了澜沧味，还定义了澜沧味，被茶界人士誉为"普洱茶中的瑰宝"。在 0085 的领衔下，20 多年来，随着澜沧古茶 0081、乌金等产品的推出，在产品线得到补充和完善的同时，澜沧味的内涵也越来越丰富，成了熟茶的主要流派之一。

0085 是意外中的天合之作

　　0085 是天合之作，其起源则来自一次意外。这次今天看来有如神来之笔般美妙的意外，当时给杜春峄和澜沧古茶带来的，却是无尽的辛酸。

　　1999 年，刚刚步入改制后第二年的澜沧古茶，迎来了一群来自法国、德国的客商，经过对澜沧古茶进行详细的考察后，委托澜沧

"茶妈妈"杜春峄，是澜沧古茶的灵魂人物。

古茶生产发酵、加工一批熟茶产品。这批产品，就是现在市场上千金难觅的第一代0085。

现在，我们很难追溯这是不是普洱茶历史上用古树纯料发酵的第一款熟茶，但第一代0085是用景迈山的古树茶发的，并成为0085选料的标准延续至今。这并不是澜沧古茶当时有远见，而是因为当时的古树茶卖不起价，比台地茶要便宜很多。

杜春峄笑着介绍说，这批0085的原料是1998年收的景迈山古树茶，那时候景迈山的古树春茶一般也就4~5元/千克，最高不超过6元；而小树茶可以卖到7~8元，最高可以卖到10元。所以发酵用的都是景迈古树茶，小树茶还舍不得用。在当时的澜沧古茶，景迈山和邦崴的古树茶，都是拿来发熟茶的。

产品压好后，以22.5元/千克向国外的客商出口。杜春峄回忆说："四五块的原料收进来，22.5元卖出去，高兴得几乎要跳起来！"但很快，她的希望就破灭了，因为国外客商嫌茶压制得太紧，除了第一批少量出口了部分以外，剩下的3吨多被退单。杜春峄现在还有点委屈地说："相比其他产品我们都认为压得松了，但老外还是认为压得太紧，说是要压成老太太也能用手掰下来那种。"

摄影 / 段兆顺

0085 沱茶。

　　这一批 0085，基本被压制成 100 克沱茶，外形圆润饱满。因为是给国外客商定制的，按客商要求没有内飞，也没有正式的包装。已经出口的部分，刚开始是用光的牛皮纸包装，后来又用白绵纸包装。留下来的部分，条纹纸、白绵纸、牛皮纸都有，但都没有任何的文字和图案。

　　成为库存的 0085，对刚改制不久的澜沧古茶来说，是个不小的负担。直到 2004 年初，一位普洱的经销商出于帮助的目的，以 40 元 / 千克的价格拿了 500 千克进行销售。经销商的这一无心之举，却在一定程度上成就了 0085 的声名。从这时起，0085 出众的品质开始在小范围内被懂茶的茶人认知，价格也开始不断上涨，11 月份就涨到了 150 元 / 千克，0085 在短时间内被抢购一空。

　　采访过程中，杜春峄拿出一沱白绵纸包装的 0085，让我拍照并开了一泡让我品尝。现在杜春峄手上的这批 0085，是她以 1000 多元 / 千克的价格，从一位马来西亚经销商的手上买回来的。她犹记得当年卖给经销商时，价格只有 70 多元 / 千克。说到这，杜春峄爽朗地笑着说："不过按现在的行情来算，我还赚了，而且是大赚！"

　　将要喝上茶妈妈杜春峄珍藏的第一代 0085 的那刻，心中升腾起浓浓的敬意，是对一款经典产品的敬意，更是对一位事茶近 55 年的老茶人的致敬。

白瓷杯中，像拉菲一样的茶汤散发着诱人的色泽，茶汤的表面宛若漂浮着一层薄薄的雾气。茶汤糯滑得入口即化，参香溢满口腔，接着就是强烈的生津，然后回甘。虽然已经是 20 年的熟茶，但喝起来依旧茶气十足……

她有些遗憾地说，最开始出口到国外的那批 0085，在国外也不是很好卖，所以出口商后来又将部分产品返回了国内，但返回来的产品基本上废了。因为外国人不懂茶叶的吸附力强，而且老外爱喝怪味茶，将茶叶与薰衣草、薄荷等味道很重的香料放在一起，所以拿回来基本喝不成了。

"澜沧味"中的熟茶之美

喝着体感十足的第一代 0085，我们聊到了澜沧味。杜春峄认为，每个地方的茶，都有自己的风格和风味。决定这个"味"的条件，一个是水，一个是工艺。澜沧古茶用来发熟茶的水是山泉水，来自厂区后面山上 1 千米外的地方，这个山泉水用来发酵熟茶是很搭的，pH 值、软硬度都很合适。从地理位置上看，普洱茶产区主要位于澜沧江中下游区域。产区的上段气候相对要冷些，下段又要更热些，澜沧刚好处于中间，气候相对来说不冷不热，所以从茶味、茶性等方方面面，就奠定了澜沧味的基调和特性。

具体来说，澜沧古茶的熟茶，或者说是澜沧味，汤色红浓明亮，茶汤较为黏稠、糯滑、细腻，而且比较有渗透力；汤中那独特的甜味，以及渗透到骨子里的陈韵，更是让人难忘。这一切，是由这个地方的原料，以及水土、工艺决定的。杜春峄说，茶叶有特点就会有卖点，澜沧古茶的熟茶喝着不会平平淡淡。

随着第一代产品被市场认知、认可，2004 年澜沧古茶开始用原来囤积的景迈古树原料，发酵第二代 0085。这一代 0085，最出彩的时刻来自 2006 中国云南首届普洱茶国际博览交易会。这次展会上，从第二代 0085 散料中筛选出来的 100 克宫廷芽茶，被 99 号买主以 22 万元的"天价"拍走，成了当年的"茶王"……

从 2004 年起，0085 以两年一代的速度推出，到现在已经发布了 10 代产品。每一代 0085 几乎都是一款没有争议的好熟茶，因为每一代 0085 都在品质上不断升级、升华。为了能让产品一上市就达到可以品饮的目标，2008 年起澜沧古茶熟茶的发酵过程均在产品上市前 1~2 年完成。此举不仅可以为产品成型预留出足够的空间，还

可以通过时间的陈化来提升 0085 的品饮价值，让每一代 0085 在问世之际，消费者就能获得性价比较高的产品。

也因此，用料特别只是 0085 广受好评的因素之一，更主要是 0085 在口感和后期陈化方面表现出来的令人惊叹的品质。具体来说，0085 在三个方面的感官特色上，展现着澜沧味中的熟茶之美。

首先是"芳"。这是 0085 最重要的特征，单是凭借悠长浓郁的特有芳香，熟悉 0085 的茶客马上就能辨认出来。0085 的"芳"之所以特别，不仅因为其带有独特的陈香和甜香，更因为停留时间较长，而且芳香的气韵能很好地融于茶汤之中。

其次是透艳。茶汤如同红酒般的明艳透亮，呈现出红宝石般的光泽，而且越是年份长的 0085，越能表现出瑰丽的色彩，让人过目不忘。

最后是醇。厚重、绵滑、饱满，以及独特的熟茶韵味是 0085 的标志，特别是第一代 0085，茶汤的顺滑让人品过之后难以忘却，韵长且厚，长时间地停留在齿间、喉咙，而且茶汤中的甜味几乎从第一口开始就一直伴随着整个品饮过程。

要想实现这三个方面的产品特色，品质把控显然不可或缺。为了达到好的品质，好的口感，澜沧古茶不会在成本上过于计较，甚至是不计成本地去做，因为要对得起消费者。

0085 的历代产品，一直都是用景迈山的古树茶来发。杜春峄表示，虽然不敢说是百分之百的古树，但古树的原料一定是在 95% 以上的。对此她解释说，澜沧古茶绝对是用古树原料的，但古茶园里也混长着部分小树，茶农采茶时会将这部分小树一起混采了。随着管理的规范和要求的提高，现在茶农交给澜沧古茶的原料，不仅要过技术部、原料部的关口，还要过国家级检测机构的关口，所以原料收购越来越规范、标准而且严格。

"传奇缔造传奇"的乌金

如果说 0085 是个传奇，那么乌金则是传奇缔造的传奇。3 月 21 日，以"传奇缔造传奇"为主题的 2020 年乌金云端发布盛典通过网络平台盛大举行，四年一代的乌金产品再次荣耀登场。

今年推出的乌金在线发布后，短短时间就被经销商们抢购一空。有经销商甚至高兴地说："今年出乌金实在太好了，我们的养店钱就不用担心了！"不少经销商都纷纷要求加量。

继0085之后，2009年正式推出的定位更为高端的乌金，再次缔造了澜沧古茶的熟茶传奇。面对供不应求的市场需求，甚至有人认为澜沧古茶在做饥饿营销，杜春峄对此不无感慨地说："因为有些山头的原料收不起来，所以乌金的原料更加稀缺，实在做不起量。以前是没有钱去收，现在有钱去收了量又起不来。"

与0085一样，乌金也是一款充满意外惊喜的传奇产品。2002年时，澜沧古茶压过一款小砖。杜春峄回忆说，那时还没有将更多的古树茶合在一起，主要用的是景迈、芒景和邦崴的原料。而且都说普洱茶的存储要透气，当时故意用锡箔纸进行包装，试着不让小砖透气。

不过产品卖了也就卖了，杜春峄甚至记不得曾做过这么一款茶。直到2008年出差时，一个经销商送了一片给她。一看小砖的外形，她的第一感觉是公司没有这款模具，后来在公司查到这款模具时才想起是自己做的茶。

在广州芳村，当杜春峄与现任澜沧古茶总裁的王钧在一家小旅馆里一起喝这个茶

时，茶的表现出乎意料的好。当时杜春峄就觉得，这个茶虽然还没有发光，但总有一天会像金子一样发光发亮，"乌金"的名字由此而来。

如果将这款小砖算作是乌金的第一代产品，那么在 2009 年，正式以乌金命名的第二代产品开始推向市场。此后从 2012 年起，因为原料的稀缺，每 4 年乌金产品才发布一次。2016 年，乌金在人民大会堂隆重发布。正如当年杜春峄所寄予的，如今的乌金早已绽放出自己的光芒。

2009 年，乌金首次在深圳上市。杜春峄犹记得，面对 168 元 / 千克的出厂价许多人都嫌高，一位企业老总刚开始要了 100 件，没两天就退货了大半。但乌金出众的表现很快征服了茶客们挑剔的味蕾，上市不久价格就开始不断上涨，创造了普洱茶历史上首款当年压制，当年零售价突破每千克千元大关的神话。等上市三四个月后，那位企业老总来问他退的货是否还在着，他还想要时，澜沧古茶的这批乌金早已经零库存。

2009 年的乌金，一件 6 盒共 6 千克，每盒有 8 块 125 克小砖共 1 千克，总量是750 件。10 余年间，48 砖一件的 2009 年乌金，价格连年上涨，已经突破 20000 元/ 千克。2018 年 11 月 23 日在广西的一次慈善拍卖会上，一件 2009 年乌金拍出过16.8 万的高价，再次证明了澜沧味好熟茶的底蕴。

对比 0085 和乌金，杜春峄形象地比喻说："0085 是一山一味，用的是景迈山的古树原料，细腻、稠滑，像个温柔的小少妇；乌金是将不同山头能够相生、相容、相长的古树原料拼在一起，喝的时候层次感分明。"

经过 20 多年的实践，杜春峄总结出的经验是，景迈和芒景的原料一定要合在一起发酵才能相得益彰。如果分开发酵，景迈要弱一些，虽然比较甜但冲击力小；如果景迈和芒景的合在一起发，冲击力和饱满度都比较好。所以做乌金的时候，有些是合起来发，有些是各发各的，但能够拼在一起。

在做 2009 年的乌金时，是用景迈、芒景、邦崴的原料拼在一起的，层次感没有现在的乌金这么丰富、明显。2020 年发布的乌金，已经是 10 多个山头的古树茶拼在一起，口感更丰富也更有层次感。就发酵程度而言，0085 要发得稍稍偏重，因为发轻了黏稠度不够。但乌金在发酵时，发酵的程度要恰到好处，所以相比 0085 要轻一点。

采访中，杜春峄也介绍了乌金的冲泡方法。景迈山的茶不管是生茶还是熟茶，出汤都比较快，水一冲进去就可以出汤。但其他山头并非如此，所以与 0085 相比，多个山头拼在一起的乌金，投茶量可以稍多点，出汤时间也要拉长一些。

"我爱乌金的层次感！"老人有些调皮地说，"通过对乌金、"道·空"的拼配，我得出的结论就是，年轻人找对象就一定要志同道合，才能相生、相容、相长。拼配的过程、问茶的过程本身，就是一种修行。"

好茶自己会说话

茶妈妈陈皮普洱是澜沧古茶近年来成功打造出的现象级产品。这一将普洱熟茶与新会柑果完美融合在一起的产品系列，不仅推出后广受消费者青睐，澜沧古茶还凭借严苛的 56 道精制工序下形成的品质，成为《航天级食品新会小青柑皮普洱茶》标准制定者，提升了陈皮普洱产业的品质高度和安全水平。

谈及做陈皮普洱的初衷，杜春峄表示普洱茶与新会陈皮的生命周期比较长，都有越陈越好的特性。而且青皮走的是肝胆经，红皮走的脾胃经，现代人大多数生活习惯都不好，而陈皮普洱对健康有好处。

看好陈皮普洱市场前景的情况下，2013 年杜春峄开始到新会对柑的资源、生长

环境、品质等进行考察，并对初步选定的柑源提出了品质提升的举措和要求。当时在新会，已有当地企业在做柑普，但工艺和标准都不完善，做出来的柑普存在一定的缺陷。

2014 年，澜沧古茶开始涉足柑普市场，并从新会发了一批精挑细选过的大红柑，但等 3 天后运到澜沧古茶公司时，40% 以上的大红柑出现了一定的质变。所以当年只生产了 1 万多颗，推出后广受市场欢迎。

到 2015 年，澜沧古茶制定了严格的 56 道精制工序，并直接在新会生产小青柑。茶妈妈小青柑产品一经问世，就成了现象级产品被一抢而空，由此开创了一个行业的兴盛。

无论是 0085 还是乌金，以及现在的茶妈妈陈皮普洱，澜沧古茶的熟茶产品线越来越完善，品质也一代比一代不断提升。杜春峄谦逊地将其解释为"天造一半，人造一半"，但从中却不难发现，其中人的因素占据着主导作用，因为这源自杜春峄和澜沧古茶对原料、工艺、品质的严苛追求。

如果说第一代 0085 用景迈古树进行发酵，还是出于当时古树茶价格比台地茶更低的缘故，那么随着古树茶价格的节节攀升，后来的 0085 坚持用景迈古树茶就是对品质的追求和对消费者的保证了。

"无论是农产品还是工业产品，说保持产品品质的稳定性难是推脱责任。"采访中杜春峄表示，"如果有心要做好，心中一定要有个标准，不要把利益放在第一位，而要把品质和标准放在第一，要对得起消费者群体。品质保持稳定的确很难，但并不是做不到。"

景迈山是杜春峄事茶的起始点。1966 年，刚满 15 岁的她就到景迈山学习种茶、制茶，参与到景迈茶厂的建设中。直到 1975 年景迈茶厂迁到县城成立澜沧县茶厂，杜春峄将整整 9 年人生最美好的时光，献给了景迈山。但也由此与景迈山上的老百姓建立起了深厚的感情，对景迈山比较了解。所以 0085 从第一代产品开始，一直都是用景迈山的古树茶进行发酵。

1999—2007 年，澜沧古茶的标准和技术还没有渗透到景迈山，基本是茶农怎么做就怎么收。而且在 2007 年以前，古树茶的价格低，茶农也不会在古树茶中掺假。但在 2008 年以后，随着古树茶价格反超，掺假的问题逐渐开始出现。

所以从 2010 年开始，澜沧古茶制定了严格的收购标准，并对茶农进行采摘、初制环节的培训，来加强原料的稳定性。

澜沧古茶有着比较悠久的熟茶生产历史。澜沧县茶厂从 1978 年开始渥堆发酵熟茶，其生产的用于出口的熟茶散茶，于 1983 年获国家对外经济贸易部表彰。1998 年改制为澜沧县古茶有限公司后，当年的厂房、发酵车间等被完整地保留了下来，为澜沧味的孕育和成长缔造了良好的基础。

现在，澜沧味已经被消费者广为认知和喜爱，这是作为一家老茶厂的底蕴所在，更是茶妈妈杜春峄和澜沧古茶对品质孜孜以求的必然结果。就在 3 年前，澜沧古茶的生茶和熟茶产品还差不多各占一半，但随着乌金和茶妈妈陈皮普洱的崛起，澜沧古茶的熟茶产品增长迅速。

岁月经年，相信在茶妈妈杜春峄和澜沧古茶的精心呵护下，0085、乌金等熟茶产品不仅会继续给我们带来品饮上的喜悦，更将成为一个浸润着我们珍贵情感的精神符号。

摄影 / 李一波

熟

茶

人物志

第四章

摄影/李一波

邹炳良 卢国龄：
择一茶，终一生

黄素贞 / 文

　　在云南的普洱茶界，提起"邹炳良"的名字，几乎无人不知。他有很多头衔：他是原勐海茶厂厂长、总工程师，是"大益"品牌创始人之一，是云南普洱茶工艺标准的制定者，是熟茶渥堆发酵技术的创制者，他是目前唯一被授予"中国普洱茶终身成就大师"的茶人，如今他还是云南海湾茶业的董事长，"老同志"品牌的创始人之一……

　　一个星期三的早晨，我来到邹老在昆明南市区的家中，准备跟车一起去安宁海湾茶厂。邹老已经年近80，却依然在制茶之路上不停歇，每周的一、三、五，他都会按时去厂里上班。车子取道接上了邹炳良的黄金搭档——卢国龄女士，转上杭瑞高速直奔安宁。第一次与两位茶界大师同车，难免有些诚惶诚恐，两位老人却非常亲切、和蔼，一路与我唠着家常。卢老已经85岁高龄，却精神矍铄，还能说一口标准的普通话，他说这得益于小时候的家庭教师是东北人。

40 多分钟后，我们到达了位于安宁市禄脿镇的安宁海湾茶厂，这是一个坐落在公路边的花园式茶厂，厂房、办公大楼背靠山地，沿着缓坡修建。邹老将我带到了办公大楼，"为天下人做好茶"几个毛体书法字，在大厅墙上非常显眼。他的办公地就在一楼的审评室，审评室里整齐地排放着专业审评杯及各种普洱茶标准样。无论是在勐海茶厂还是海湾茶厂，邹老一生的大部分时光都是在审评室里度过的。

二位老人稍作休息，就在二楼的茶室开始了我们的采访。说是采访，不如说聊天，二老的一生走过了太长的路，从"民国"时期走到了中华人民共和国，迈进了 21 世纪，他们的故事太多太多，绝不是一天时间可以讲清楚的，只能想到什么说什么，但他们的话题总离不开茶叶，也会像爷爷奶奶对孙辈人一样，时常说起他们那个年代的故事。细数一下可以发现，邹炳良的一生有几个重要的时间节点——1957 年、1973 年、1984 年、1996 年、1999 年，这几个时间节点的故事串联起了他一生的茶缘。

1957—1996 年　勐海茶厂的半世茶缘

邹炳良和卢国龄两位老人都是在 20 世纪 50 年代一前一后进入勐海茶厂的，直到 1996 年退休，他们把自己的大半生都奉献给了勐海茶厂。

1957 年，刚刚初中毕业的邹炳良被分到了勐海茶厂工作，自此与茶叶结下不解之缘，开始了与茶相伴的一生。进厂后，邹炳良就被分配到审评科从事茶叶审评与检验工作。1959 年，他以优异的成绩毕业于西南茶检班，并在西南商检局、昆明商检局学习，进修茶叶含铅量检验、茶叶生化分析，1963 年 3 月至 1965 年 10 月参加了当时外贸部、商业部、农业部联合开展的分级红茶研制工作，奠定了他一辈子钻研茶叶生产技术的基础。

当时的勐海茶厂是国家的实验茶厂，各种茶类都要试制和生产，根据茶叶公司下的计划统一生产。绿茶（春蕊、春芽、春尖，销西北）、红茶（销苏联）、边销茶（紧茶、砖茶，销西藏）、圆茶、青饼（销香港），以及 70 年代后的人工渥堆发酵熟茶都有生产。普洱茶的国家标准是在 2008 年正式出台的，规定了普洱茶分为生茶、熟茶，但是在邹老的年代里，"普洱茶"这三个字是特指人工发酵的熟茶（散茶、紧压茶），而用晒青毛茶压成的饼茶叫作"圆茶"或者"青饼"，主要用于出口。聊起茶

界一些老茶人对普洱茶国家标准的不同意见，邹老豁达地说："我做了一辈子茶，我都转过来了，管他怎么叫，只要有更多的消费者喝我们云南茶就行了。"一旁的卢国龄也说："我们不管这些，只管把茶做好就行了。"

1984年，邹炳良出任勐海茶厂第五任厂长、总工程师，那个时候他一定没有想到，这个抗战年代建立起来的地处边疆的老茶厂，21世纪后，伴随着普洱茶的复兴，会成为中国普洱茶界的"黄埔军校"，今天不少茶企的技术骨干，都曾在勐海茶厂工作过。

邹炳良任厂长以后，恰逢普朝柱任云南省委书记，普书记对云南的茶产业发展非常重视，鼓励茶区大力开垦茶园。邹炳良也认识到原料基地是企业的第一车间，他积极争取政府支持，先后扶持当地改造恢复老茶园1万多亩，发展新茶园10万余亩，建设茶叶初制74所。还在布朗、巴达创建了两个万亩绿色生态茶叶基地，为勐海茶厂当时以及后来的原料供应和长足发展奠定了坚实基础。

图 1：1989 年，邹炳良在勐海茶厂接待香港南天贸易公司的周琮先生。

图 2：1988 年 4 月，邹炳良在勐海茶厂与云南省茶叶进出口公司特种茶部经理昌金强在查看 7542 饼茶的生产。

1973 年：开启现代普洱熟茶时代

1973 年，在现代普洱茶历史上是一个重要的年份，很多历史资料上说，这一年人工渥堆发酵熟茶诞生，而事实上真正相对成熟的产品是在 1975 年才有的，也就是经典熟茶 7572 诞生的那一年。邹老非常低调，整整一天的采访，他甚至没有拿出任何一件能代表他过去荣誉的物品给我看。他也很不愿意说个人的故事，但是说起茶叶技术方面的话题，他的精神便为之一振，话匣子才彻底打开。

"普洱茶历史上一直都有，只是在我们云南断裂了，70 年代以前，广东那边都在做湿水茶（熟茶的雏形），这种茶在香港、东南亚一带很有市场。1973 年云南有了自营出口权，也想做点发酵普洱茶卖到香港，所以云南省茶叶公司才派了一些茶厂的技术骨干去广东学习。1973 年 4 月我们被派去广东省茶叶进出口公司参观学习熟茶发酵技术。我记得，我们那一批去了 7 人，学了几天，看了一下生产过程就回来了，实际上只学到了一些皮毛。回来之后我们就分别在昆明茶厂、勐海茶厂、下关茶厂搞试制，但基本上是各搞各的。因为昆明和勐海隔着几百千米，交通、信息都不发达，我们两个厂之间的交流也很少。

回来以后我们就成立试验小组，开始做试验，我当组长。一开始怕浪费茶叶，就用木筐小堆发酵，后来堆子从 5 吨到 10 吨、12 吨、20 吨，堆子的大小都不断尝试，在地板上、在楼板上都试着打过堆子；尝试用冷水、用温水，甚至用蒸汽潮水，还有发酵时间的长短，各种试验都搞过，前前后后搞了上百次试验，直到 1975 年才成功，做出的红汤茶，得到了市场的许可。

1975 年之前我们做的发酵茶，大部分都是半生不熟的，汤色也不红，所以都不敢打'云南普洱茶'，只打着'云南青'（散茶）出口。因为当时我们做发酵非常谨慎，水加得少，也只敢发 20 多天，生怕时间长了发烂了，浪费原料，这可相当于是浪费国家资源啊！"讲起 40 多年的事情来，邹老还记忆犹新。

1975 年熟茶的发酵工艺基本成型，以邹炳良为组长的试验小组制定了普洱茶工艺标准。"那时候不叫'普洱茶工艺'叫'速成发酵法'。"邹炳良说。卢国龄接着说："普洱茶以前是'免检产品'，不是因为质量太好，而是因为

没有标准，无法检验。"1975年有了标准之后，勐海茶厂的茶就可以编上唛号，比如：7572、7542，以"云南七子饼"的名义正式出口。

邹炳良讲熟茶发酵技术要点

现在很多茶企都把熟茶发酵技术当成秘密，不对外说，更是拒绝参观。可是在熟茶发酵技术创制者邹炳良这里，却没有什么不能说的，因为他深知熟茶发酵是一个复杂的系统工程，不是听一听、看一看就能学会的，必须理论联系实际，靠多年的实践经验才能做好发酵。所以，他很乐于分享自己积累了几十年的发酵技术要点。

（1）发酵三要素：空气中的氧气、温度（包括空气中的相对湿度）、水。

（2）熟茶发酵过程实际上是茶叶中的多酚类物质与茶叶自身的酶及空气中的微生物发生复杂的化学反应的过程，水和温度可以加快反应的速度。所以堆子要透气，不能密闭。

（3）温湿度条件：勐海地区的气候条件最适合发酵，易于培育优势菌种，气候太冷、太热都不适合发酵。

（4）打堆：一般10吨上下一个堆子比较合适。

（5）潮水：茶叶的潮水可以利用喷雾器，雾化洒水。潮水必须均匀。潮水期间，早上潮水下午就要翻一次，第二天早上再翻，否则水分往下走，下面的茶会偏湿，容易结块，要让茶叶均匀吸收水分。

（6）控制含水量：茶叶的含水量一般在28%~35%，要根据季节和气候的不同进行调整，比如雨季天水就加少一点，秋冬季节相对干燥，水就加多一点。

（7）控温：堆子上一般可以用麻布盖着保温，麻布成分天然，透气性好。需要在堆子里插上温湿度计，随时监控茶叶的温湿度。

（8）翻堆：主要是为了让茶叶透气，散失温度、挥发水分、吸收空气中的氧。如果不及时翻堆，堆子中心温度过高就容易烧心。整个渥堆过程一般要翻堆4次，6~7天翻一次堆。

（9）开沟：4次翻堆以后就可以开沟了，开沟也是为了散热、散失水分，直到含水量降到10%~14%，茶叶基本干了以后才能起堆，开沟后一般要6~7天才能起堆，视气候来定，灵活掌握。为了让堆子透气、增加氧含量、加速干燥，还可以在堆子上插上一些竹子编的细长中空像小烟囱一样的小竹篓。

普洱熟茶中最主要的优势菌种是黑曲霉菌，邹炳良还温馨提示，如果喝着钉口、有涩麻感的熟茶，最好不要喝了，这是发酵失败的熟茶，里面含有很多有害菌种，对身体不利。

1989 年："大益"商标的注册

邹炳良还是"大益"品牌的创始人之一。勐海茶厂注册"大益"商标的缘由很简单，因为中国茶业总公司要求交商标使用费，但那个时候勐海茶厂和凤庆茶厂可以不交，卢国龄就提出，今天不交明天要交怎么办？于是决定自己注册商标，"大益"的名字是邹炳良的领导班子集体取的，初衷也很简单，就是觉得喝茶对身体好，大大有益，就叫"大益"。"大益"商标于 1988 年申报，1989 年注册成功。

卢国龄介绍，1984 年后，国家取消统购统销政策，茶厂也可以自主经营，但不是一刀切。当时对勐海茶厂有三个政策：第一，出口的茶必须交；第二，边销的茶必须交；第三，其他产品自产自销。勐海茶厂一方面还要听云南省茶叶进出口公司的生产计划，一方面也可以自产自销，但价格不能超过卖给云南省茶司的 15%，而且不

摄影／黄素贞

125

摄影 / 李一波

能打"中茶"商标。

　　"'大益'商标刚使用的时候，客户不相信，他们只认'中茶'商标，不要'大益'商标的茶，怎么办？我就想了两个办法，一个是搭配销售，要'中茶'的就必须搭上'大益'的，否则不发货。另一个办法就是把'大益'商标的茶质量提高了一个级别，才让市场慢慢接受了'大益'商标的茶。"邹炳良说。

今天的"大益"品牌已经不单单是一个茶品商标了，它纵贯了普洱茶的全产业链，甚至辐射其他产业。2004 年勐海茶厂改制，由云南博闻投资有限公司全面接手，那时邹炳良已经退休，但是勐海茶厂是自己奋斗了一辈子的地方，对于改制，多少还是令他有些心情复杂。不过现在看到大益集团在董事长吴远之的带领下不断做强做大，"大益集团"也已经成为普洱茶界的"龙头老大"了，无论是产值还是产量，以及市场影响力，都是业界第一，这让邹老倍感安慰。

黄金搭档——卢国龄

卢国龄是卢汉（云南抗日将领，曾当过云南省政府主席）的侄女，父亲卢邦彦是个旧锡业的奠基人之一，曾任昆明市商会会长，云南光裕银行、劝业银行行长。中华人民共和国成立前夕，卢邦彦随兄长卢汉起义，为云南和平解放筹集经费。因为家世显赫，卢国龄的童年和少年时期过着别样的生活，从小家里就有家庭教师，经常跟着大人喝英式下午茶。卢国龄早在高中时期就参加了地下组织，做过文艺兵、土改工作队队长、广播员、教员。中华人民共和国成立后调干参军，到了 1954 年转业到云南省商业厅。可正是因为这样的家世，遇到了"整风运动"，1958 年她被划为"右派"，下放到西双版纳的勐阿农场种甘蔗，1959 年调入勐海茶厂，从此，卢国龄的一生再没离开过茶。但是因为出身问题，她被"控制使用"，不得入党、不得提拔。

卢国龄因为从小受过良好的教育，性格开朗，也很有闯劲，她能骑马、唱歌、跳舞，还会驯马。在勐海茶厂，几乎在每个部门她都干过，供销科、生产车间、财会科、技术科、生产管理办公室。她笑称自己是茶厂的"万金油"。

1964 年，为发展云南大叶种红碎茶出口，国家外贸部、商业部、农业部、农垦部四部联合在勐海茶厂进行分级红碎茶实验，卢国龄担负红碎茶品质级差系数标准的测定，她凭着自己的经验和在经济管理方面的天赋，使原料经济价值和技术经济价值得到了极大的发挥。测定结果经中茶总公司审批后，通知各地执行。后来全国茶叶级差系数标准都是她在做，因此她有机会经常去外省出差，接触上层，学习了很多先进的管理理念和财会知识，并运用到工作上。早在 20 世纪 70 年代勐海茶厂就实行了

摄影 / 黄素贞

先进的标准化管理制度：制定技术标准、生产标准、管理标准、数据处理及资料贮存等工作标准 150 多项，有效地争取物化劳动的耗费和经济效果的最优比例。在当时，对于一个在偏远落后的边疆小县城的茶厂，这是无法想象的。

1984 年，国家取消统购统销后，勐海茶厂也要面临自产自销的状况，要自己去跑市场，但是大家都不知道要怎么做销售，因为没人经历过啊。在大家一筹莫展的时候，卢国龄带着两个员工风风火火地跑了十多个省份，回到昆明，她给厂长邹炳良打电话，茶叶全卖光了，全厂职工欢呼雀跃。7 张合同，5000 吨茶叶，卢国龄可以说创造了奇迹。

卢国龄与邹炳良在勐海茶厂共事 40 年，建立了深厚的革命友情，二人各方面能够互补，配合相当默契，他们二人也被业界尊称为"黄金搭档"。

1999 年：壮心不已，共建海湾茶业

1996 年，邹炳良和卢国龄从勐海茶厂退休后，在云南省茶司当了 3 年的顾问，负责管理宜良茶厂，云南省茶司提出了三个要求：为宜良茶厂培养人才、把茶叶品质做到标准、为茶厂开拓市场。3 年合同期满后，他们圆满完成了任务，帮宜良茶厂消耗了大量库存。

1999 年，普洱茶还没有在内地兴起，一直是墙内开花墙外香，在香港、澳门、东南亚很受欢迎，甚至在美国的唐人街，都能卖到 400 美元一饼，可是在国内却鲜为人知。邹炳良和卢国龄觉得云南这么好的茶，却这么默默无闻，太可惜了，况且他们有那么好的资源和优势，必须做一些好而不贵的普洱茶，让更多的人了解普洱茶、消费普洱茶、爱上普洱茶。

于是，二人白手起家开始创业，在安宁建立"海湾茶厂"。问起为什么要取这个名字，卢老解释说："茶厂所在地就是安宁禄脿镇海湾村，就叫'海湾'了。选在这里建厂主要就是因为便宜，刚建厂的时候，没有资金，厂房、办公室都是租的闲置老厂房，而且非常简陋，规模也小。"

一开始海湾茶厂生产的茶叶由云南省茶司包销。因为他们对勐海茶厂感情深厚，不愿意与勐海茶厂争资源，二人商议立下了"两个凡是"原则：凡是勐海茶厂的原料，我们不买；凡是勐海茶厂的客户我们不卖。甚至一些勐海茶厂的老员工表示愿意跟着他们干，却被他们婉拒了，说"你们是国企的职工，是国有资源，不能因为我们让国有资源流失。"直到 2006 年，普洱茶开始兴起，勐海在八公里建了工业园区，大量民营茶厂进入，受勐海县政府和勐海茶厂的邀请，海湾才正式在勐海建厂。

问及二人，刚创业的时候，是不是有很多艰辛的经历，没想到卢国龄却说："没有啊，我们很顺的。一些熟悉的茶农知道我们要自己做了，就自发组织起来，7 个人凑了 380 万，说是在 380 万以内，不需要付原料钱，把茶卖了再给钱。经销商这边也是，都是全款先打进来，货就慢慢发，不需他们去收货款。"二人在勐海茶厂一辈子，积累了深厚的群众基础，大家都愿意全力支持他们。卢老说："这都是众人拾柴火焰高。"创业之初，筚路蓝缕，说不艰辛是不可能的，只是二人有着坚韧不拔的毅力和豁达乐观的心态罢了。

安宁海湾茶厂带动了整个海湾村的经济发展。茶厂刚来的时候，这里是安宁最穷的一个村，现在厂里职工300多人，大部分都是周围村子里的村民，家家都脱贫致富了。安宁地方政府也给了海湾茶厂很多政策上的优惠，工人也把茶厂当成自己家一样，对二人更是非常爱戴。

海湾茶业的"老同志"品牌，如今已是普洱茶的知名品牌了。说起"老同志"商标的注册，还有段小插曲。二老在云南省茶司做顾问那几年，在宜良茶厂做了一批茶，有台湾茶商订了60吨货，那时候台湾与大陆还不能直接通商，出去的茶叶不能打任何商标，只能用白纸包着。台湾茶商觉得白纸包茶不好推广，就提出用竹片烫上火印："老同志/原勐海茶厂厂长监制"，还有三朵葵花的标志，压在砖茶里，就这样出口了。才走了10多吨，就被海关查出，发现了里面的小竹片。因为那时台湾商人多在东莞投资，茶出不去，剩下的四五十吨茶就留在了东莞，结果这批茶在东莞卖得非常好，在圈子内名气很大。一个精明的福建人，就把小竹片上的"老同志""海湾"以及三朵葵花拿到香港注册成了商标。后来香港那边的客户发现了，就通知了二人，他们觉得这个商标还是很有价值，才找福建人把商标买了回来。这才有了知名普洱茶品牌"老同志"。

安宁海湾茶厂经过近20年的发展，已经从过去简陋的厂房发展成为一个现代化的茶厂，拥有药品级食品安全卫生标准建设的生产、加工基地，占地80亩，年生产规模3000吨。此外还有位于昆明经开区的海湾茶业公司和位于勐海八公里占地20亩的勐海海湾茶厂。海湾茶业的原料基地遍及勐海、易武、临沧勐库等优质茶区。

海湾茶业一路走来，从不参与炒作，一步一个脚印，稳打稳扎，"老同志"普洱茶与这两位老同志一样，质朴、实在、诚信。"为天下人做好茶"一直都是海湾茶业的宣传口

号，这样一句简单质朴的话，践行起来却需要一生的付出。邹炳良以"择一事，终一生"的匠心精神，在制茶之路上践行了 60 年。他说，"为天下人做好茶"的"好茶"必须是原料和各个环节的加工技术，以及各个环节的审评综合起来才做得出的。以他对茶叶生产的丰富经验和高超技术，好的原料，经他的手后就能加工成好茶。海湾出品的茶叶，品质优良、价格合理，在全国各地的茶叶评选中总能拔得头筹，国内市场销量稳步增长，而且常年出口日本、韩国、俄罗斯、美国、波兰等地，深受海外消费者的青睐。近几年的年销售额维持在 1 亿元以上，已经位列云南省龙头茶企的行列。

一天的采访已经接近尾声，二位老人却还有着太多道不完的故事。邹老不时被客户请求在茶饼上签名留念；茶桌旁邹老的孙女儿大学毕业刚回厂里学茶；邹老的女儿邹小兰也在公司担任重要职务……邹炳良专注制茶一个甲子。卢国龄将一生溶进了普洱茶里，本该赋闲在家颐养天年，儿孙绕膝的年龄，却仍在普洱茶的道路上不断探索、勇往直前，脚步依然坚实而厚重，代代相传、生生不息。

摄影／黄素贞

吴启英：熟茶初创 味启昆明

刘谋 / 文

　　现代熟茶至今已经发展到一个多元化、风格化、小众化、定制化的阶段，发酵工艺也呈现出百花齐放之态，但在创新求变的路上往往有必要适时回溯传统。正如在凉茶的世界有王老吉和加多宝两大派别一样，传统熟茶味觉记忆里流传着"勐海味"和"昆明味"两大主流风味，这两大风格同出一源，互为补充，长期主导着全国乃至海外的熟茶市场。

茶启熟派混沌开

　　在茶叶工艺漫长的演变历程里，从传统型普洱茶依赖自然成因，品质不稳定过渡到具有恒定品质要求的现代普洱熟茶，源于 20 世纪 70 年代老一辈茶人的集体探索，以吴启英等老一辈茶叶工作者为集中代表，解决了"湿水渥堆"法的技术难题。这一历史性的变革以昆明茶厂作为孵化基地，被永久载入茶业发展史册，为后世铭记，而吴启英首创的"普洱熟茶渥堆技术"，填补了现代普洱茶生产工艺的空白，代代传承了下来。吴启英主导生产的昆明茶厂7581、中茶牌421等传世经典产品，至今还被市场高度认可、广为推崇，影响力经久不衰。

昆明茶厂的始建可追溯到1939年10月创办的复兴茶厂，厂址位于金碧路27号，同时期的顺宁实验茶厂（凤庆茶厂前身）、佛海实验茶厂（勐海茶厂前身）、康藏茶厂（下关茶厂前身）同在烽火中创立，组成了茶行业在抗战时期实业救国生产线的中流砥柱，实现了机器制茶，推动了云南茶产业的发展，为滇红的诞生和普洱茶走向国内国际市场奠定了基础。

伟大的时势往往促成伟大的交集，从而造就了伟大的变革。时隔36年，吴启英带领昆明茶厂员工，开启了茶叶发展史的新篇章。

1973年6月，中国土产畜产云南茶叶分公司在昆明市华山南路148号单独恢复成立。同年，公司派供销科业务员黄又新参加广州"中国出口商品秋季交易会"，开展特种茶出口业务。黄又新从交易会带回香港茶商提供的多款经渥

现代普洱熟茶
創始人吴啟英

卢良恕
二〇〇六年五月

吴启英的工作照，她生命中 31 年的芳华都贡献给了昆明茶厂。

堆发酵的普洱散茶样品，和香港市场急需普洱熟茶的信息。为使普洱茶早日进入香港市场，昆明茶厂技术干部陈佩仁在座谈会上听取黄又新的介绍，反复观摩香港茶商所供样品，主动请求准予试制，陈佩仁尝试渥堆发酵，率先产出一吨多普洱熟茶，并很快成功出口。此次出厂的普洱熟茶成了现代云南渥堆发酵的首批熟制产品，然而却不能形成规模化集中生产，于是在 1973 年，云南省茶司派出昆明茶厂副厂长安增荣、技术工人李柱英和勐海茶厂审检负责人邹炳良、下关茶厂审检负责人李格风等，组成七人小组赴广东中茶公司学习普洱茶渥堆发酵技术。

随队远赴考察的还有时任昆明茶厂审检负责人吴启英。吴启英出生于 1938 年 12 月安徽省庐江县，1963 年 9 月毕业于当时中国茶学最高学府安徽农学院茶学系，为响应国家支援边疆建设的号召，吴启英自动请缨赴云南工作，帮助发展云南茶叶生产，在她投身茶行的 40 余年中，31 年的宝贵年华奉献给了昆明茶厂，无论从刚入职的技术员，还是后来升任厂长，始终没有脱离生产第一线。

考察队一行回昆后，吴启英率队最先在昆明茶厂尝试渥堆发酵，她身体力行亲自设计操作，通过大量反复实验、统计和研究，历时年余，在传统工艺的基础上，成功探索创新了"熟制"工艺，极大改善了普洱茶的品质和口感，提高了普洱茶对人体的保健功能。渥堆发酵技术不受场地限制，使得熟茶生产突破了地域性，由传统型发展到现代化阶段，并因当地的海拔、温度、湿度、氧气、光照、微生物群落差异，呈现出风格各异的迷人风味。在昆明茶厂试制成功后，陆续推广到勐海、下关、普洱茶厂，并由 1979 年开始在全省茶厂推广，1980 年和 1981 年又分别在景谷、澜沧茶厂开始生产。

这一成就促成了普洱茶生产从相对原始的农业经济向现代集约型经济的转变，将普洱茶的生产从一个缓慢发展的原始状态推进到一个科学化、标准化、规模化的全新高速发展时期，奠定了当今普洱茶工厂化、产业化基础。由此普洱熟茶终于迎来了混沌初开。

继往开来 传承"昆明味"

在昆明茶厂进行研制的过程中，吴启英没有任何可以参考的实验数据，没有可以比较的标准茶样，更没有前人的具体实践经验，只能"从无字句处读书"，经过大量反复的科学试制，积累了不同叶质，不同数量对温度、湿度、菌群等方面的要求参数，原创性地发明了"普洱茶湿水渥堆技术"，当时每个堆子就能发酵 10 吨熟茶。她把熟茶工艺的最大特点总结为：用人工方法，创造条件，加速晒青毛茶向普洱茶（熟茶）转化，从而大大地缩短了陈化期。

湿水渥堆发酵技术集中、准确地创造了普洱茶发酵的必要条件，将普洱茶发酵时间从几年十几年缩短为 45 天左右，并能提供翔实的理论依据和技术指标，以科学、准确的数据控制整个

2005 年，吴启英生前亲制的最后一批熟茶。

发酵过程，制定了普洱茶科学的制造工艺和规范的品质要求，极大地提升了普洱茶的品饮质量。

在试制和生产过程中，吴启英带领昆明茶厂研制组逐渐总结制定了《昆明茶厂普洱茶制造工艺及其品质要求》，这是普洱茶发展史上第一个有着翔实理论依据和技术指标的行业标准。1975 年开始，昆明茶厂以此为基础，开始了普洱熟茶的批量生产，经过几年的生产实践总结，在公司主持下，由吴启英主要参与，拟写了《云南普洱茶制造工艺要求（试行办法）》，详细制定了普洱茶生产的质量标准，生产工艺以及各大厂家唛号。并于 1979 年 2 月 21 日至 27 日，在全省普洱茶出口加工座谈会上讨论定稿，由云南省茶司下发到各大茶厂，成为全省普洱茶试行生产规范，并制定标准样一同下发。

1983 年，吴启英升任昆明茶厂厂长，在公司主持下，联合云南大学微生物研究所，在昆明茶厂主持了"普洱茶发酵工艺原理研究"项目，负责对工艺及各种技术参数和

摄影／黄素贞

试验茶叶的审评鉴定，并得出了研究结果：普洱茶后发酵的机理是微生物在起主导作用，并以其开创性荣获云南省政府 1984 年科技成果四等奖，是迄今为止云南普洱茶生产技术领域获得的唯一一个省级科技成果奖，吴启英成为该领域第一个获得省级嘉奖的茶叶科技工作者。

随着时间流逝，昆明茶厂已走过风雨半个多世纪，弥久愈香的熟茶"昆明味"，就像异乡回归的游子所追寻的家乡味道，就像昆明老酸奶、小锅米线一般，逐步被现代人重拾和强调，这种属于一代人的味觉记忆源出于吴启英时代开创的熟茶发酵。昆明茶厂早期所生产的昆明味熟茶绝大多数供出口换外汇，改革开放之后，随着中国经济的发展，部分出口的昆明味熟茶开始回流国内市场，受到广大茶人的喜爱追捧。

在 2003—2004 年间，云南省土产进出口公司恢复了原来的茶叶进出口业务，引入了昆明茶厂的技术骨干（原昆明茶厂处于倒闭状态），恢复了普洱熟茶的渥堆生产，继承和发展普洱茶湿水渥堆这一历史性的技术成果。目前，云南土产进出口集团昆明茶厂已成为昆明味普洱熟茶的代表。原昆明茶厂的技术规范、工艺标准、原料要求得到了严格的遵循。

在和吴启英同时代的老员工的访谈中，我们得知虽然她首创的熟茶发酵工艺使普洱茶进入到现代发展时期，但她始终强调了这一成果的传承性，正如如今承接了老昆明茶厂工艺的现代茶人继承了她的熟茶发酵工艺一样，始终强调公司产品应当匹配既定的工艺标准。

据云南省土产进出口公司昆明茶厂总经理吴建辉介绍，为使如今出品熟茶达到要求，茶厂把老厂部原料仓库改造成了熟茶发酵车间，保留和培育有益菌种，这些微生物虽然肉眼不可见，但平滑的水泥地面形成的包浆油光润泽，如同长期滋养的紫砂壶一般，这个熟茶发酵车间可说是如今茶厂的核心技术载体，在这个车间发酵出

来的熟茶，完美地传承了熟茶之中的"昆明味"。为熟茶发酵的三大因素湿热作用、酶促作用、微生物作用的协调发挥提供了作用环境。结合了昆明地区的高原气候、传统正宗的发酵工艺，和定点采收的原料基础。云南土产进出口集团昆明茶厂生产的"昆明味"普洱熟茶和"勐海味"普洱熟茶一道成为经典熟茶产品的两大主流风味。

从计划经济年代开始，纯正大叶种血统的临沧料始终是昆明茶厂的首选原料，茶多酚含量高，苦底重，经过昆明茶厂湿水重、发酵时间长（一般发酵时间会多出半月至一月，在冬季更长达 180 余天）、翻堆频次高，既保证发酵程度全熟，又保证了叶底的活性，并不失一定的舒展度。发酵出的成品茶味更酽，在刚出堆的时候，就几乎没有堆味；在储存的不同周期会呈现出兰香、玫瑰香、梅子香、桂圆香、杏仁香等香型，且茶褐素含量更高，作为熟茶中的主要健康成分，茶褐素在降血脂、降血糖等功效上表现突出，这和当初吴启英一直致力提升茶叶的健康功效正是一脉相承，并力求更充分地发挥这一传统精神。2008 年 5 月，云南省土产进出口公司传承昆明茶厂渥堆技术生产的"吴启英"牌金芽被选为国礼，由中华人民共和国主席胡锦涛赠予俄罗斯总统梅德韦杰夫。这是吴启英带领的昆明茶厂创造的集体成就获得市场高度认可的有力例证。

现在的茶厂地址不久后将规划迁移，公司决定将这数百平方米的老窖池整体迁出，虽然届时将耗费千万资金，但为了传承"昆明味"的传统工艺，保留老窖池里的微生物菌群，昆明茶厂将不遗余力，不惜成本。

改制后的昆明茶厂逐步走品牌化、市场化之路，一方面这是企业发展的必由之路，另一方面，作为熟茶发酵工艺的诞生地，继续传承熟茶发酵的专业、知识、经验，这也是发扬老一辈工艺结晶最佳的途径。

卢铸勋：香港熟茶第一人

周重林 / 文

　　云南普洱熟茶的历史一直是悬在许多人心头上的谜，其起源有许多版本，扑朔迷离，杂项丛生，而流传的资料往往语焉不详，没有真正触动历史的东西，也没有任何证据可言。我们前往香港，希望从这个有着"喝普洱茶上百年历史的地方"，通过走访那些尚健在的古稀老茶人，努力寻找到那一段快被遗忘的历史。

初见卢铸勋

　　丁亥年（2007 年），香港茶界著名的茶文化研究者王汗坚先生作有《卢铸勋》诗一首，诗云：

　　藏缺紧茶四张罗，卢铸灵巧占商机。
　　新法速效催陈韵，熟饼溯本是长州。
　　义助南天成大业，印支佳茗集香江。
　　年过古稀雄心在，记述曾经享后人。

新星茶庄的杨慧章先生说，这首诗说了卢铸勋一生的主要涉茶经历，也表达出了茶界的几度变迁。卢铸勋先生的精神，就是香港茶业精神的代表，也是普洱茶精神的代表。他随后拿出一饼印有这首诗的七子饼给我看，是新星茶庄专门为卢铸勋制作的纪念饼。

卢铸勋先生对许多人来说，完全是一个陌生的名字。在香港茶界却无人不知，无人不晓。杨先生说，这是香港与外界长期的不交流导致的。他指的是文化上的交流。

而我们，也终于在等待中见到这位只是在传说中的老人。当他拄着拐杖蹒跚走进屋子的时候，我们都站立起来，不仅是让座，更多的还是致敬。卢铸勋并不会普通话，所有采访都是在等翻译中记录的。回忆起年轻时候的做茶经历，81岁高龄的他神情就像一个孩子。

要的是红茶，却做成了发酵茶

卢铸勋先生 1927 年出生于广东潮州，11 岁到澳门做学徒，开始学做生意，1939 年前往香港，开始接触茶。后来遇到战争和天灾，多次往返于澳门和家。1943 年，卢铸勋先生在兄长卢炳乾的带领下，再次来到远离战乱的澳门，在英记茶庄做杂工送货，学茶师从吕奕芬。

1946 年 6 月调升上三楼工厂学习筛焙、蒸制各类旧茶，其中以孙义顺笠仔六安茶最多。当时在澳门所制的孙义顺六安茶，使用的竹叶、笠仔及招纸，全由佛山运到澳门英记茶庄加工，每笠茶十二两，六笠为一条，十条为一捆，圆形外加竹叶织竹苈捆实，为之为一捆，或称一件。1945—1951 年间，每月生产 10~15 捆。这个时候，工资也增加了一倍。到了当年 8 月，工资已经涨到了每月四十元。这份工作卢先生一做就是七年，工作越来越受到认可。当时的红茶的很好卖，湖南的工夫红茶每司担 200 多块，祁门红茶售价每司担卖到 350~370 元。上级的青茶可以卖到 110~120 元，下级的青茶每司担可以卖到 70~75 元。

因为考虑到红茶的销量不错，价格卖得起来，卢铸勋想，要是把青茶发酵成红茶，那不是可以赚很多钱？已经掌握茶叶加工技术的卢铸勋于是在一个深夜开始了他自己都无法预知的伟大的创造。他用 5 千克茶加 2 千克水，用麻袋覆盖使其发热到 75℃，经数次翻堆转红，再用 30℃（和暖）火力焙干，出来的茶叶泡了之后，发现汤色叶底与红茶一样，只是没有红茶的清香风味。味道出不来怎么办？卢铸勋当时觉得外观上已经可以蒙混过关，只要味道也可以过关，那么自制"红茶"就意味着财源滚滚。卢铸勋把自己两个月的薪金（80 元）拿出来，到香港各处去购买食用香精，回到茶坊继续试验。很遗憾，各种香精都调试过，始终无法制造出红茶的风味，他认为是制作工艺出了问题。决定再试验，于是再将 5 千克青茶加水发酵转红至七成干，放入货仓焗六十天后取出，这次，泡出来的茶汤色比蒸制的旧茶更为深褐色，茶味也更淡，卢铸勋为自己的发明暗自喜悦，这一切都是偷着进行的。

1945 年，英记茶庄规模已经不小。当时的英记茶庄拥有各种技工、茶师、推销员、杂工共十几人，拣茶女工十几人。主要制作的茶有英记米兰茶，古磅银针茶，销往金边、香港、中山石岐以及中山三乡。古法蒸制散装及笠仔六安茶、普洱茶饼主要销往香港、澳门等地。当时茶商鸿华则是转口销南洋最多，其茶品主要是英记供货。

宋聘味，姑娘茶味，同庆号味，他都会做

1949 年，中国开始取消私商，实行统购统销，一些商人纷纷向海外发展。在云南经商的同兴号老板袁寿山于 1950 年到达澳门，在英记茶庄讲了一些国内茶叶商人的现状，准备前往香港发展，特来茶庄借钱。同时鸿华从南洋传来的消息说，那边茶饼很吃紧，像宋聘号、敬昌号、同庆号等等，更是有价无市。他们问英记有无技术可以生产。当时谁也不懂此项工艺，卢铸勋还是觉得应该研制一下，他已经在制作工艺方面很有经验，也表现出一些天赋。一个月后，研制成功，每个月可以生产茶饼 30~50 件。茶饼的规格为每件 84 片茶饼，7 片为一桶，12 筒为一支和一件。

1954 年，卢铸勋到香港结婚，其后在长州创立福华号，有了自己的品牌"福华号宋聘唛"，当时的青茶百花齐放，而众多的茶商都各自引进各国青茶，中国的各大茶区产品都进入到香港，云南、福建、广东等各地的茶都被称为青毛茶。因为各地的茶青经过蒸压制旧后会产生不同的陈香味，比如说沉樟、槟香味等味道，所以茶青的选择显得很重要。当时香港的茶业出口已经很旺盛，卢铸勋决定在新公司恢复 1946 年所使用的发酵发放，用印尼毛峰青茶先发酵后制成

茶饼。第一批茶做了 30 支，一部分卖给香港湾仔的龙门酒楼（这家酒楼现在还在），其他的外销。当时负责外销的茶庄很多，主要有分销南洋四家和分销金山的四家共八大家。

卢铸勋带着自己的发酵茶找销往南洋的致生祥问负责人孔繁鼎是否可以办理出口，孔说："扮蟹就有，扮茶就没有。"可是一个月后，终于有茶品单返。孔繁鼎对卢铸勋说："你小子有毅力啊，今天有 30 只单返，12 元 8 角一桶成交。"一支 12 桶，共 360 桶，每桶成本 4 元，第一次出口就赚了钱。茶有得卖，生意有得做。

1956 年，卢铸勋接到一单生意，唯一洋行的邓堃要做一批姑娘紧茶。卢铸勋之前也没做过此类茶，回家研制了一周，交出了货物，第一天邓堃下了 1000 支的订单。姑娘紧茶的规格每个为六两四钱重，每桶 7 个，每支装 18 桶，共 126 个，净重 30 千克。生意是来了，可是当时卢铸勋连买茶青的钱都不够，于是再次找人投资，几经波折后终于找到钱和茶青。之后，他把此款茶命名为"宝蓝牌"，当时用的料是越南会安青、广东粤毛青、四川川毛青，这批原本要 2 个月时间做的茶，最后 40 天就做成了。

摄影 / 黄素贞

澳门的华联茶业公司，曾经是澳门最大的头盘商。

摄影 / 黄素贞

澳门的英记茶行，就在华联茶业公司对面。

　　1957 年，南洋经济不景气，香港也受到影响，销南洋的四大家赊出的货款，只能收回一小部分，当时给卢铸勋投资的几个人也从福华号撤回股份，卢铸勋只有用自己的工资顶住，才没有变卖生产茶叶的工具。1959 年，唯一洋行再次给了卢铸勋一份 1500 支的紧茶订单，勉强又熬过一段时间。

或许，现代熟茶工艺的滥觞从他开始

　　1960 年，西藏封锁，不与外商贸易，一些茶厂也开始停业。当时卢铸勋只有帮别人去发酵茶叶换取微薄工资。也是这一年，卢铸勋开始新的一批茶生产，这次他用的是云南茶青，在经过 60 天的试验工艺后，发酵出来的茶汤色深褐明净，口感不错，鸿华公司愿意以每司担 320 元收购，因为第一次有普洱发酵旧茶在市场上出现，卖得异常好。

后来曾鉴问卢铸勋发酵的秘方是什么？他说："每担茶加水 10 千克发热至 75℃，翻堆数次茶约七成干，装包入仓即可。"后来曾鉴的弟弟曾启到广州加入中茶分公司做茶叶发酵师傅，从此开始了在广州中茶分公司的普洱茶发酵之路。后来香港祥发咸蛋庄老板张旺燊笑卢铸勋是傻子，怎么会轻易把技术外传，还扬言，未来 10 年香港茶业的局面会因为此技术而改变。后来居然变成现实，以后 10 多年内，居然没有茶青运往香港。

1962 年，卢铸勋与南天贸易公司（香港著名的茶业公司，很长一段时间里，垄断大陆到香港的所有普洱散茶贸易，与当时的香港港九茶商自由贸易思想有矛盾冲突）的周琮到泰国了解茶叶情况。在周琮引荐下，他认识了曼谷茗茶厂的杨大甲，并协助卢铸勋通过与当局交涉后，多留了一周在曼谷，向当地茶厂传授普洱茶的发酵技术。自此，泰国也开始了普洱茶的发酵技术。今天，泰国依旧在卢铸勋教授的技术下生产普洱茶。

1975 年，原本要和周琮一起成立南泰昌有限公司的卢铸勋因为种种原因没有参加，而是另外成立了裕泰贸易公司，经营茶叶茗茶厂所制的发酵普洱茶。1976 年，周琮邀请卢铸勋前往云南，他没有去，而是让周琮带去发酵普洱茶的方法，之后，发酵普洱茶传到云南，云南也开始普洱茶的发酵之路。

1975 年，卢铸勋制作出第一批 100 支同庆号茶饼，1976 年运到香港，开始在三个茶庄卖。1979 年前往湖南益阳茶厂指导制作发酵茶。1989 年 5 月 7 日，开始做"福华号·宋聘唛"共 420 支。1992 年前往越南胡志明市指导制作发酵普洱。1996 年转让制作同庆号技术给越南胡志明市竹桥国营企业公司林思光。

2000 年，卢铸勋宣布退出江湖。

卢铸勋说，我是潮州人，为何不只推潮州茶？我终其一生，都是为世人寻找适合的茶而奔走。他对自己的这一生的总结是"一个生长在乱世的小子"。人生格言：人生不怕苦，努力向前看，面对逆境，积极乐观。

"茶，你们聊。"卢铸勋说完，拄着拐杖就下楼去了。有人约了他周末下午打麻将。

杨维仁：
亲历普洱熟茶发酵工艺的诞生

忠茶君

茶缘：源于奇妙的愉悦

杨维仁与茶的缘分，从5岁开始。"我接触茶的时候，只有5岁，5岁的时候就经常跟随父亲去茶馆。"杨维仁说，"父亲跟朋友坐在一起喝茶，我就坐旁边，口渴了，父亲就倒点茶水在茶盖上，吹一吹，凉了后给我喝。"这或许就是他最早的茶体验，处于孩童时代的杨维仁体验到了一种新奇，喝过茶后发现茶不仅解渴，还会回甘，以至于他感到了舒服，"一种说不清楚的舒服，有一种淡淡的愉悦感。"

工作以后，每天与茶打交道，每天喝茶，杨维仁又发现了一件奇妙的事情。"喝茶可以提神醒脑，又可以宁心安神，这两者本来是矛盾的，但茶叶很神奇地将它们结合起来了，这是一个非常奇妙的事情。"杨维仁没有陷入这个"矛盾"里，就是单纯地对茶喜欢。他说，昆明有句非常朴素而富有生活气息的谚语，"好吃不过茶泡饭，

供图／云南中茶

好看不过素打扮"，这是千真万确的。

对于老昆明的茶馆，杨维仁如数家珍。他说："那个时候昆明的茶馆很多。正义路上的华丰茶楼，就在大华交易社下去一点，文庙魁星楼那里，最高级；光华街胜利堂有光华茶室；文林街口福林堂那里有薪记茶室；洪化桥人民电影院有长城茶室；南屏电影院对面有标准茶室；长城路口的珠兰茶室，专门卖珠兰花茶，非常好喝；长春路下面云南大戏院隔壁的长春茶室……"那时候几乎每条街上都有茶室，可惜，现在这些都不存在了。

茶叶经营开放后的难题

1963 年，从昆明财贸学院毕业的杨维仁，进入昆明茶厂，从事财会工作。

"我学的是财务，所以进厂后到的是财会部，但工作几个月后，就把我抽调下乡去了，纯粹的农村工作。"这一去就是四年，但杨维仁觉得这四年对他的锻炼很大，"这四年我收获很大，感触很深，为我后来在公司跟茶企打交道，跟老百姓打交道，帮助非常大。"

据杨维仁介绍，茶叶经营放开以后，公司非常难于收购茶叶。"因为我们是指令性计划下达，指令性的价格收购，实行价格倒挂，茶厂吃亏了，就不愿意了。"但是公司也解决不了这个困境，"因为要等中央的通知，央企到底要怎么改革，千头万绪都没理出一个思路。"杨维仁说。

但形势不等人。当时公司担负着为国家创汇的任务，为了要做好出口工作，为了要创汇，杨维仁调到了公司货源科工作。"当时为了做好货源的工作，从地委书记、专员，到县委书记、县长，再到茶厂厂长，都是我的工作对象。"杨维仁说。

杨维仁回忆，当时正是易货贸易，茶叶需要的量很大。为了完成任务，他只好一个地方一个地方去跑，一个人一个人去跟他们讲道理，要以大局为重。"基本就是沿着边境线跑，有界桩的地方都去过了，一直跑到高黎贡山。"杨维仁说，"我一直去到茶园，去到初制所，因为你不仅要把茶叶收上来，还要确保茶叶质量。"通过他的不懈努力，讲道理，摆事实，最终圆满完成了货源的收购任务。

人工渥堆熟茶发酵工艺的出现

普洱茶人工渥堆发酵工艺的出现，是普洱茶发展过程中一个堪称鬼斧神工的杰作，曾有人形象地将此项技术对普洱茶的推动作用，比喻为"如同将普洱茶从千年茶马古道上推向了高速公路"。

据杨维仁介绍，以前的普洱茶都是自然发酵，后来在无形当中发现可以人为缩短它的转化周期。"解放以前，云南的普洱茶用火车运到越南，再从越南运到广州。由于当时处于战乱时期，渡轮不通，茶叶完全滞留在越南河内的海防港。"杨维仁说，"由于当时越南比较落后，也没有什么好的保管条件，就是一些草房子，棚子之类的。加之当地气候炎热，潮湿，茶叶就发生酵变了。"发生酵变的茶叶到了广东，客户都很着急，已经酵变过的茶叶怎么卖出去呢？后来，广东的客户把七子饼茶搓散了，想着能卖几个钱就算几个钱吧。"没承想，经过酵变搓散的茶叶更好卖，消费者都说好，问这个茶是哪里生产的？云南！云南哪里的？普洱！这个茶是从普洱那个地方出来的。而这次倒是无意中发现了熟茶的秘密！"杨维仁说。

20世纪70年代初，香港掀起了普洱茶的消费热潮，毗邻的广东也很快成为普洱茶的消费之地。两地大规模的普及，对普洱茶的需求很大，于是，广东茶叶进出口公司

率先做普洱熟茶，后来包括湖南也加入了进来。杨维仁说："他们的原料主要用的是广东的，甚至有部分湖南的原料。而后来我们做的时候，用的全部都是云南的大叶种。"

当时，昆明茶厂有个从部队上转业下来的军人黄又新。"他先在人事科，后来到业务科，负责滇红滇绿的调供，最后从茶厂调到公司调度科。"杨维仁说，"1973年公司派他参加当年的广交会，结果他在广交会上看到有人在卖普洱茶。"黄又新看广东茶叶进出口公司在卖云南的普洱茶，生意很好，也有港商向其询问是否有普洱茶，就很快通过电话把这个信息反馈回了公司。

当时公司一听到云南普洱茶在香港、广东深受欢迎的信息，高度重视，等黄又新从广州回来，公司领导专门听取了详细汇报，并决定可以试制。"当时云南公司刚刚取得了自主出口经营权，现在普洱茶生意又这么好，可以创汇，自己为什么不做呢？"于是，公司又再次派黄又新同广东茶叶进出口公司对接，由其带领昆明茶厂及下关茶厂、勐海茶厂派出的技术人员到广州茶厂去学习。学习回来后，他就天天蹲在厂里，天天看着昆明茶厂的职工做。

因为普洱熟茶需要发酵，对工艺有严苛的要求。"普洱茶发酵要泼水，那此前是不敢做的。因为茶叶泼水后要受潮、发霉、变质，这可是要当作生产事故的。"杨维仁回忆，特别当时正是"文化大革命"期间，谁都不敢主动做。"最后是公司党委开会，下了决心，说你们可以大胆试验，只要是认认真真地做事，就没关系，这样才开始了普洱熟茶的生产。"杨维仁介绍说。

解决了顾虑，却带来了新问题，不会做普洱茶的发酵。那怎么解决呢？到广东去学习。"去广东茶叶进出口公司广州茶厂学习，回来后就按照广州的办法开始发酵。"杨维仁说，"但是不行。这个茶叶一泼热水，不是发霉，而是直接发烂，臭了。后来，根据建议减少水量，但又出现发酵过头的问题，全部是白乎乎的一片，灰化，烧坏了。"发酵小组并没有就此停步，他们联系广东的技术人员，反复摸索。"后来改用冷水，反复试，在楼上试，在楼下试，不知道试了几次，才最终成功。"杨维仁说。

"最后确认了产品之后，很快寄到了香港，让客户提意见。最后客户说可以试制了，就这么从昆明茶厂做了第一批产品，大概10吨多一点。"杨维仁说。1976年，以昆明茶厂发酵工艺为基础的普洱熟茶发酵技术，正式在全省推广，普洱熟茶发酵工艺得以确定。

赵华琼：熟茶应该是柔软的

段兆顺 / 文

40 多年的茶叶人生里，赵华琼爱茶、知茶、懂茶、敬茶。这位将毕生心血奉献给了普洱茶事业的巾帼茶人，秉持"茶品即人品"的坚定信念，以茶为业、与茶为伴，对熟茶更是倾注了毕生情感……

熟茶应该是柔软的

与赵华琼品茗聊茶，是一种轻松愉悦的享受。这位已经年逾六旬，与普洱茶结下 40 多年不解之缘的茶人，言谈举止间凝聚着时光历练而出的内敛与沉静，同时又洋溢着一般同龄人身上所不具备的热情向上的年轻气息。

早在 1975 年调到普洱县外贸公司工作时，赵华琼就接触到了熟茶。那时，熟茶的渥堆发酵工艺刚诞生不久，普洱茶厂也于 1975 年开始建厂。普洱茶厂就是为了满足云南省茶叶进出口公司的熟茶生

产而建设的，是云南省茶叶进出口公司普洱县公司的熟茶生产基地。赵华琼回忆说，当时云南省茶司统一派技术人员传授熟茶渥堆发酵技术，所以普洱茶厂与昆明茶厂、勐海茶厂、下关茶厂学的技术都是一样的，只是原料不一样，每个茶厂的发酵师傅看茶做茶的方法经验也不尽相同，因此4家茶厂茶品风格也有所不同。

当时，普洱茶厂主要是发酵生产普洱熟茶散料，紧压茶交给其他三家茶厂制作。云南省茶司每年下达给普洱县外贸公司的出口任务，分别是1~5级晒青毛茶和7~10级混合发酵的熟茶调供云南省茶司出口，级外茶调下关茶厂做边销茶。

自工艺创制到20世纪90年代，熟茶主要供出口，许多云南人都不知道熟茶为何物。一直在外贸公司工作的赵华琼，较早地接触并领略到了熟茶的魅力，所以2001年出任在普洱茶厂基础上新组建的国有普洱茶集团总经理后，赵华琼开始以匠心推崇熟茶，并成了熟茶的拥趸者。在她看来，熟茶更能被大多数消费者接受，因为熟茶是柔软的。

在赵华琼的理念中，熟茶可以在后期再进行陈化的，所以最好是发到七成五到八成熟。轻发酵的熟茶喝着不但口感好，而且汤色比较亮，即便摆放一二十年也仍然比

较好。所以早在 2001 年，赵华琼就提出熟茶要轻度发酵，然后经过慢慢陈化让茶变得越来越好喝。

这样的理念现在基本成了共识，但在 2000 年前后，茶界许多人却不这么认为。当时市场上比较推崇发酵比较重的茶，有些人更是站在经营的角度，认为消费者需要的是喝下去甜甜顺顺的熟茶，所以要重发酵。就连厂里发熟茶的师傅也都跟她拗上了，对她的想法不为所动，坚称这是马来西亚一带的客户所喜欢的熟茶，不肯在工艺上做出改进。

但重发酵的熟茶虽然喝下去在嘴巴里是甜的，却不会出现回甘，因为普洱茶发到八成五以上尤其是九成以上时，甘味就没有了。原因是多酚类物质在发酵过程中被烧死，只剩着点茶褐素来呈现出汤色了。为了做出自己理想中的熟茶，赵华琼开始不断探索和学习，还请王星银等专家到公司指导，最终摸索出自己喜欢的熟茶工艺。

经过十多年的实践和探索，赵华琼总结说还是轻发酵的熟茶存放下来更好喝。要真正做好熟茶必须发轻一点，让后期有个转化的空间。

熟茶是需要引导消费的

许多刚开始接触普洱茶的茶友，感觉熟茶喝着全都是一个味道，差别不大。甚至有人认为熟茶不干净，也不可能有古树熟茶，因为企业舍不得用古树茶来发酵。大凡遇到这样的茶友，赵华琼往往会冲泡古树、大树、台地等不同的熟茶，三四杯地摆到茶友面前，让茶友慢慢体会其中的特点和差异，然后再给予点拨讲解。

熟茶是需要正确引导消费的，因为台地茶和古树茶发酵出来的熟茶绝对不是一个味，而是有天壤之别的。2015 年金秋，赵华琼倾注 40 年制茶经验和心血的"濮女壹号有机古熟茶"问世。这款熟茶原料来自生态环境优异的古茶园，用纯净山泉水发酵后，经五年自然醇化后压制而成，茶汤饱满，香、甜、厚、滑，醇香诱人，滋味丰富，现在市场上已是一饼难寻。

用陈化多年的老料，配合有机的、高海拔的古树茶原料，做几款具有品饮价值和收藏价值的好熟茶，是赵华琼的最大心愿。她认为，台地茶与古树茶发酵出来的熟茶，差距还是比较明显的。古树茶汤水饱满、浓稠、厚度增加、层次感丰富，喝到嘴巴里面是厚滑的，许多台地茶发的熟茶虽然滑但不厚。

为了让我们有个比较直观的认识，赵华琼给冲泡了 2017 年底才压制的熟茶金茶花。这款熟茶的主料是 2011 年就发好的古树熟茶，原料相对清雅但比较香甜，所以拼入了 10% 左右 2015 年发酵的布朗山古茶树。

在古树熟茶领域，赵华琼一直在努力引导消费。同时她也很高兴地看到，近年来随着茶客对熟茶品质要求的提升，追求高档熟茶的人越来越多。

从 2003 年开始，赵华琼就一直坚持用古树茶发酵。濮女壹号、濮女捌号的市场价到了一两千元。她认为，台地茶与古树茶发酵出来的熟茶，差距还是比较明显的。古树茶汤水饱满、浓稠、厚度增加、层次感丰富，喝到嘴巴里面是厚滑的，许多台地茶发的熟茶虽然滑但不厚。用台地茶发的熟茶，最多就是多酚类物质有所降低，虽然喝着甜甜顺顺的，但饱满度和层次感差，没有厚滑的感觉，厚重感必须是古树茶发酵的。

最近几年整个熟茶市场热度不减，但令普洱茶客困惑的是，好的生茶比较容易找到，但好的熟茶却很难找到。对此，赵华琼强调说做茶人要有良心，要对得起消费者，也要对得起自己，对得起自

摄影 / 段兆顺

155

己的企业，要做对消费者健康有益的茶。

这些年来，许多消费者都比较认可赵华琼做的熟茶，干净，没有腐味酸味，更没有堆味，喝起来饱满厚滑，回甘持久。问及其中的"奥秘"，除了用心做好茶以外，赵华琼回答说："现在有些茶企有点急功近利，当年发酵的熟茶当年就压制上市销售，但熟茶发酵好后最好能摆放一年以上，条件许可的话摆到 3 年以上是最好的，把堆味散去。做熟茶要做到喝起来清清爽爽、干干净净的。"

出于挚爱，2000 年以来赵华琼对熟茶倾注了太多的心血和情感，可以说是匠心独具。为了做出自己满意的熟茶，从茶质到水质，她都在坚持高标准、严要求。2002 年，赵华琼首开用山泉水发酵熟茶的先河。

用内质来区分好茶

许多科学研究的数据证明，普洱茶具有降脂降胆固醇、调节血糖血压、预防心脑疾病的作用，但主要是针对熟茶而言的。生茶主要偏重于消炎利尿抗氧化，要达到熟茶的功效至少需要陈化 20 年以上，汤色变红后才可实现。也正是因为具有较好的健康功效，再加上相对醇和的口感，所以熟茶正赢得越来越多消费者的青睐。

随着人们生活水平的提高，大量消费者摄入较多的高热量高脂肪食物，许多消费者现在吃油腻了，首先想到的就是泡一壶普洱茶来喝。但市场上部分熟茶的品质的确不好，让不少消费者对熟茶产生了一定的偏见。

"我一辈子就喜欢熟茶，喝着暖胃。"作为熟茶的深度拥趸者，赵华琼显然对熟茶倾注了太多的心血与情感。她认为熟茶将是未来品饮的方向，所以做茶人要做良心的茶，要做对得起消费者的茶，要做出好的茶来引导消费，着手重新塑造好的、优质的熟茶品牌形象。即便不是用古树茶来发酵，也要做出让消费者喝着甜甜顺顺的熟茶，如果是老树熟茶要喝着甘甜润滑，如果是古树熟茶要甘甜厚滑。

以前是用等级来区分茶的品质，或者说是价值。现在的熟茶，有些依旧以等级来区分价值。面对这种状况，赵华琼指出熟茶不能以等级、原料的粗细来区分熟茶的价值，而应该以内质来区分。普洱茶无论是生茶还是熟茶，最重要的就是

摄影 / 段兆顺

摄影 / 段兆顺

内质，所以赵华琼从来不按原料等级来区分一款茶的好坏，而应根据内质、好不好喝来区分。

在做濮女壹号的时候，有朋友提出原料比较粗，压出饼来不好看，建议赵华琼用存着的另一款"金针"做撒面。金针是用台地和大树茶混合发酵出来的熟茶原料，条形比较好看。但从品质的角度考虑，赵华琼最终还是放弃了朋友的建议。因为在她看来，原来的原料虽然粗老但内质比较好，用金针撒面虽然会让茶饼更好看，但会降低濮女壹号的品质。

本着让更多消费者以便捷的方式，随时随地喝到优质普洱茶的目标，赵华琼新注册成立了普洱华煜茶业有限公司，并着力打造"茶婆婆庄园"，在以"濮女华琼"品牌生产优质传统普洱茶的同时，也将目光瞄准了便于消费者日常饮用的快消品市场。她认为，茶叶是用来消费的，要让消费者喝到好的普洱茶，好的熟茶。

"我自己一辈子存的是熟茶，爱的是熟茶，我探索、研究，从发酵用的水、茶质的挑选、拼配的技术认真做茶，对熟茶是情有独钟的。"从赵华琼的这句话中，我们隐然看到一位与茶结缘 40 多年的老茶人，对熟茶倾注的浓郁情感。

供图 / 留园

健康

熟茶

的核心价值

第五章

普洱茶的"第三功能"价值

陈杰 / 文

很长一段时间，我们习惯对茶叶按照感官颜色进行简单分类，如将茶叶分为绿茶、红茶、黑茶、黄茶、白茶等，缺少对茶叶的功能性划分。目前国际最前沿的茶叶研究，侧重点在茶叶的功能性方面上，并以此将茶叶划分为三大功能：

第一是营养功能——即具备茶叶所需要的基础营养素，可以涵盖所有的茶类；

第二是感官功能——侧重人们对茶叶中的色、香、味、形等主观偏好，满足人们品茶中的美感和愉悦的享受，如绿茶、乌龙茶等；

第三是特殊功能——即在满足营养（第一功能）又能满足感官（第二功能）之外，并具有对人体产生调节生理机能的茶品。称为"功能性茶品"，也称"第三功能"。

普洱茶的直接的功效

普洱茶"第三功能"一个重要部分是直接的功效。我们之所以称它为"直接"，是因为这部分的功效是能够让消费者凭感觉就能直接体验到它的具体效能。这主要表现为三个方面：

1. 解酒护肝的功效

普洱茶的解酒功能在业界已经形成了长期的共识。不仅如此，在众多解酒产品中，普洱茶不仅是佼佼者，普洱茶中的一款特殊产品——普洱茶膏，又是自古以来始终享有"醒酒第一"美誉的产品。

其实，很多发酵类的食品都有解酒功能，比如我们经常食用的醋，也有解酒功能。这是因为很多发酵类的食品都含有多种酶系，其中就有专属解酒的酶类。只是普洱茶在经过多次发酵中，其解酒的酶类靶向更为明显。

供图／蒙顿茶膏

供图/一杯活法·喜悦茶空间

这是因为酒精在人体内的分解代谢主要靠两种酶：一种是乙醇脱氢酶，另一种是乙醛脱氢酶。乙醇脱氢酶能把酒精分子中的两个氢原子脱掉，使乙醇分解变成乙醛。而乙醛脱氢酶则能把乙醛中的两个氢原子脱掉，使乙醛转化为乙酸，最终分解为二氧化碳和水。

同时，普洱茶含有的 L– 丙氨酸，在人体中会产生大量的泛酸，以促进酒精代谢的正常进行。另外 L– 半胱氨酸能与酒精反应，加速酒精的代谢，并吸收一定量的酒精，提高人体对酒精的承受量，它可以转化为胱氨酸，辅以牛磺酸能修复损伤的肝脏细胞、脑细胞和胃黏膜以及组织。因此，从这个意义上讲，解酒的过程也是护肝的过程。

很多人也试验这样一种方法，即在饮酒时不断饮用普洱茶。这种做法可使酒量大增。但应当指出的是，这种酒与茶交替饮用的方法，虽然表面上增大了酒量，但并没有真正起到护肝作用。因为所有的酒精都是依靠肝脏分解的。人体肝脏每天能代谢的酒精约为每千克 0.5 克，一个 70 千克体重的人每天允许摄入的酒精量应限制在 35 克以下。对酒精敏感的人，其摄入量更要大幅递减。我们提倡少饮酒，并在酒后饮用普洱茶解酒，其最终的目的是保护肝脏，减少酒精对肝脏的损害。任何增大酒量的解酒方法都不应当提倡，也缺少科学性。

2. 消食、解油腻的功效

凡是品饮过普洱茶的人都知道，在吃完牛羊肉或饱食大鱼大肉之后品饮普洱茶，消食的速度极快。过去，有一种错误的认识，认为普洱茶消食、解油腻的原因，是普洱茶内含的咖啡碱刺激人的胃肠蠕动，从而达到快速消食这一效果。但真正的原因不是这样。

科学家曾经做过这样一个实验：将几个肉片装在金属丝笼内，给老鹰吞下，经过一段时间取出小笼，肉片不见了。于是动摇了在此之前的胃肠蠕动消化的说法。认识到胃液中有某些可以消化肉类的物质存在。其中就有胃蛋白酶、糖化酶等。这个实验也间接否定了普洱茶内含咖啡碱刺激胃肠蠕动助消化之说。

普洱茶在发酵过程中，其固有的纤维素酶与果胶酶，在其他酶系的相互作用下，分解大量的衍生物。这些衍生物不仅有糖化酶，还有其他与人体胃肠的生物酶系产生反应的酶类，增加了胃蛋白酶的分泌，促进胃蛋白酶活力的提高，使胃对蛋白质食物的消化能力加强，增强了人体消食功能。

普洱茶的消食、解油腻的功效也存在一个客观事实，它更多地依赖人体自身的体质。对于健康的人来说，在食用了大鱼大肉之后，配合品饮普洱茶，其消食或解油腻的效果非常明显。而对体质较弱的人而言，其效果未必如此。这主要是因为，人体的消化系统还是以"自主"的酶系决定的。普洱茶的消食与解油腻机能只能是辅助作用，不是决定因素。健康的人胃肠道酶系完整，且"动力"十足。非健康体质的人，一定是胃肠道酶系受损，动能较弱。普洱茶可以缓慢修复这种酶系，但仍然取代不了"药品"的作用。

普洱茶因为具备消食、解油腻的功效，很多人又将普洱茶直接上升为"减肥"的食品。这也是一种误解。

因为肥胖是由多种原因促成。我们目前把肥胖一般分为单纯性肥胖 (Simple obesity) 和继发性肥胖 (Secondary obesity) 两种。前者是指体内热量的摄入大于消

耗，致使脂肪在体内过多积聚，继而转变为体脂藏于皮下使体重超常。其内分泌系统与机体代谢都基本正常，其不正常的是与饮食、运动及相关的生活习惯有关。后者则不同，是因为内分泌产生器质性病变和代谢异常引起的。如胰岛素分泌过多，脑炎、抑郁加上药物等引起的。这类肥胖必须在根除疾病后，才会自然消退。

普洱茶对单纯性肥胖 (Simple obesity) 会产生一定作用，但却不是唯一作用。减肥者必须在坚持健康饮食的基础上，配合大运动量，再加上饮用普洱茶，还得有一个好心情，才能达到减肥的效果。普洱茶在这方面只能扮演一个辅助的角色，而非绝对的角色。

相对继发性肥胖 (Secondary obesity)，普洱茶不起任何作用。因为继发性肥胖是一种病症，必须经过医院综合性诊断后才能确定一个治疗方案。普洱茶在这方面连辅助效果都达不到，必须靠药物治疗。

3. 养胃的功效

普洱茶与其他茶类最显著的一个区别，是普洱茶可以空腹饮用，即不伤害人的胃肠，又起到养胃的功效。这里有三个原因：

一是普洱茶经发酵后，其大量的衍生物质，基本上属于小分子，有利于人体的胃肠道的吸附，刺激性小。绿茶与乌龙茶则不同，虽然它们内含的茶多酚高于普洱茶，但茶多酚内含的很多物质是大分子，空腹饮用，会对人的胃肠产生强烈刺激。因此体质较弱的成人和儿童经常被告知，慎饮绿茶，更不能空腹饮用绿茶。中医所说的绿茶"寒性大"，恐怕都与其内含的大分子有关。同样，未经人工发酵与自然发酵过程的普洱茶（我们俗称普洱生茶），也不能空腹饮用，原因也是分子量太大。因此，自然发酵并达到二十年以上的普洱茶老茶，和陈化三年以上的普洱熟茶都具有"暖胃"的功效，其主要原因都与小分子有关。

二是普洱茶内含的果胶物质远高于其他茶类。它不仅体现很好的吸附性，又能黏结和消除体内细菌毒素和其他有害物质，如重金属中的铅、汞和放射性元素，起到解毒作用；同时又能保护胃黏膜，帮助消化。对患有胃溃疡或胃炎的人而言，普洱茶果胶类物质可形成薄膜状态附着在胃的伤口，促进溃疡面愈合，适宜于胃病患者饮用。

三是普洱茶内含的咖啡碱可以中和人体的胃酸，进而改善消化功能。普洱茶养胃的功效，其关键点在于发酵的品质。我们可以做这样的一个试验：将绿茶、普洱茶（三年期熟茶）、普洱茶膏三个茶样进行冲泡，然后将三杯茶汤放入冰箱冷藏。待茶汤温度降至5℃左右时取出，观察茶汤是否出现变化。这时，我们会发现，绿茶的茶汤有大量的乳状悬浮物，最为混浊，原因是果胶类物质还原；其次是普洱茶有少量的乳状悬浮物，茶汤颜色呈褐色、偏暗，无通透，原因也是发酵过程未完全分解的大分子还原与聚合；最好的应当是普洱茶膏，没有肉眼可见的悬浮物和杂质，茶汤颜色与刚冲泡时相比，稍微偏暗。这个实验告诉我们，未发酵的茶叶内含很多大分子物质，在其茶汤温度下降后，导致物质的还原与聚合的化学反应，出现重度混浊。普洱茶出现的轻度混浊，是发酵过程不够，很多物质没有被充分降解。普洱茶膏属普洱茶深加工的产品，几乎都是小分子，虽然它也存在还原与聚合，但其结果是小分子的聚合，只是茶汤偏暗而已。

我们也可以据此方法检测自然发酵的普洱茶"年份"，"年份"越短的茶，其混浊物越多，"年份"越长的茶混浊物越少。湿热条件下陈化的三十年以上的"老茶"，不应当出现肉眼可见到的悬浮物和杂质，汤色也会随年份的增加愈来愈通透。五十年以上的"老茶"，汤色变化也不会太明显。

我们提倡普洱茶的饮用者每日早晨空腹饮用一杯温热的普洱茶，最好是普洱茶膏或三年期以上品质较好的普洱熟茶，如果条件允许，饮用30年以上自然发酵的普洱茶当然更好。特别是对胃酸过多，或者患有胃炎及胃溃疡的人而言，饮用时如果再加上一勺蜂蜜，其养胃的功效更是明显。

这里需要声明的是：养胃的关键在于"养"。这个"养"不是立竿见影，而是持续地"坚持"才能显现出来的结果，当然还有保持良好的生活习惯。

供图/守兴昌号

普洱茶预防和降低高血压功效解析

陈杰 / 文

　　中国民间包括港澳台及东南亚一带，对普洱茶有一项特殊的解说：长期饮用普洱茶有预防与治疗高血压的功效。这种说法虽然引来不少争议，但它也不是空穴来风，是源于民间长年饮用普洱茶的经验总结。这种经验是众多个体的感受累积与归纳，形成了民间一种经验，我们也把它归类于"经验科学"的范畴。但是，普洱茶降血压之说，光有民间经验很难有说服力，尤其是在当下科学飞速发展的今天，必须借用现代科学，即"实验科学"来证实"经验科学"的真实性与合理性。

　　治疗高血压的两种方法：药物治疗与非药物治疗。其中非药物治疗是我们了解的重点，因为普洱茶就是其中之一。普洱茶成为高血压患者非药物治疗方法之一，很大程度取决于它内含的降压药用成分以及独有降压机理。

　　普洱茶不属于药物，而是我们日常的饮品，面对高血压，它的

摄影 / 段兆顺

主要功能有三点：

一是预防高血压的发生；

二是对高血压初期患者有明显的替代药物治疗效果；

三是对已患有高血压并伴有长时间药物治疗史的患者，普洱茶可起到辅助药物治疗的作用。

这其中，普洱茶内含的多种初级代谢物质，如茶多酚、茶多糖、茶皂苷、咖啡碱、茶碱、茶氨酸等是"药源"的基础，而通过特殊发酵过程，使多种"药源"转化为"药用"功能，这时也伴随大量二次代谢物的产生，如茶红素、γ-氨基丁酸、洛伐他汀、辛伐他汀等。这些二次代谢物具备与初级代谢物协同作用，将"药用"成分提升为"药性"的功能表达，形成独有的"药源—药用—药性"的途径。当"药性"被确立之后，药用机理随之形成。

就茶叶降低血压而言，我们始终有一个疑问，为什么所有的茶都有茶多酚、茶皂苷、咖啡碱、茶碱等物质，科学研究也证明这些单体物质都具有对动物与人体的降低血压功能。但就人们饮茶而言，为什么有的茶（如普洱茶）具有降低血压的功能，而绝大部分的茶叶则没有这种功效。

普洱茶因为特殊的工艺特性，在解决了茶叶脂溶性向水溶性转化的基础上，也使各个化学组分产生协同的机理。

归纳起来，其实有三点：

（1）茶叶的初级代谢是"药源"的宝库；

（2）普洱茶特殊的加工工艺，尤其是晒青与发酵的环节，促使茶叶内大量的脂溶性物质向水溶性物质转化，使"药源"中的多项物质开始向"药用成分"转化；

（3）多种"药用成分"又存在不同的"靶向"作用，最终集合的力量才能真正起到"药性"作用。其中，绝大部分的药用机理是间接作用，只有少部分物质才能起到直接作用。针对普洱茶降低血压的研究发现，间接作用与直接作用都是不可缺失的，否则，协同机理很难产生，降血压功能只能是纸上谈兵。

普洱茶降低血压的间接作用

我们在品饮普洱茶时，最直接的生理感受是解油腻、消食快。它连带的反应是体现在利尿与排便上，其实是作用于人体的代谢系统。就降低人体血压而言，普洱茶第一方面的功能是间接作用，具体有三点：

（1）普洱茶是三大饮料（咖啡、可可、茶）中水溶性植物营养素品类最多，安全性最高的饮品。它们基本上是以茶叶初级代谢物为主。这些物质是我们人体自身不能合成的，必须依靠外源补充才能获得。这些物质对增强人体免疫系统作用很大，尤其是对人体的肾脏系统作用明显。因此，对一般人而言（非高血压患者），保持长期饮用普洱茶，是预防高血压患病几率最佳方法之一。

（2）对正在服药的高血压患者而言，正因为普洱茶具备解油腻、消食快的特性，常饮普洱茶可以扫清药物前往病患区的障碍，成为降压药物的"清道夫"与"尖刀班"，提高药物降血压的效能。另一方面又通过代谢途径，将药物的部分毒性加速排出体外，降低药物的毒副作用，使患者耐药性大幅降低。

（3）普洱茶在发酵过程中出现较多次级代谢产物，根据次级代谢产物的结构特征与生理作用的研究，有很多微量的抗生素、生长刺激素、色素、生物碱等物质。它们对降血压虽然不能产生直接作用，但却有不可忽视的间接作用。同样对预防高血压的发生起到预防作用。如高血压患者一般都附带高黏血症，我们通过发酵度较高的"茶石"（是普洱茶为原料制作的一种茶膏），其茶汤为宝石红色（茶色素中茶红素含量较高）。实验的结果表明血浆比黏度、红细胞电泳和细胞压积得到极明显改善。

其实，在上述的两个理由中，提高人体免疫力是普洱茶最具优势的方面。我们之所以看重这点，是因为人的很多疾病（重症除外），能够依靠自身免疫系统完成"自愈"过程。针对高血压患者而言，药物控制与自身免疫力增强往往是一对矛盾，人们习惯的做法是通过药物控制血压，但免疫力却降低了，最终形成了恶性循环。普洱茶的间接作用是在提高人体免疫力，主要是植物营养素和发酵过程中产生的部分次级代谢物的作用。它们既可起到预防功能，又可将药物的毒素代谢出去，减轻药物的毒素对免疫系统的伤害。

普洱茶降血压的直接作用

如果普洱茶在降低血压方面仅有间接作用，其降血压的说法也是不成立的，因为间接作用机理太复杂，呈多点扇形状态，不能作为直接证据。间接作用体现的是辅线性质，其主线则是普洱茶内含的一些物质对降血压有直接作用。

其中关键有两大类物质：

摄影 / 欧巴非

（1）生物碱类。以咖啡碱为主体的生物碱对降低血压能够产生直接作用。关于这方面的研究报告很多，涉及的范围很广。仅就降血压而言，这里仅举一例：中国大陆的北方地区及西南地区其饮食普遍偏咸（盐的摄入量较大，食盐的化学成分主要为氯化钠），长期高盐（高钠）摄入能引起水钠潴留，导致血容量增加，同时细胞内外钠离子水平的增加可导致细胞水肿，血管平滑肌细胞肿胀，血管腔狭窄，外周血管阻力增大，引起血压升高。这种情况也会使人体的生化环境发生一系列的改变。除肾脏功能和内分泌等变化外，细胞膜对钠的转运能力亦会降低，导致细胞内钠的滞留。发生在血管壁、细胞内钙的浓度则可随之增高，转而使血管张力增强，外周阻力加大，高血压得以发生。

普洱茶的咖啡碱在与黄烷醇类化合物融合后，显示出强大的利尿作用。其机理为舒张肾血管，使肾脏血流量增加，肾小球过滤速度加快，抑制肾小管的再吸收，从而促进尿液的排泄。它既能增强肾脏的功能，又能预防泌尿系统感染。与喝水相比，喝普洱茶排尿量要多 1.5 倍左右。更重要的是，这种代谢过程能促进许多代谢物和毒素的排泄，其中就包括钠离子、氯离子等，让血容量降低从而抑制血压升高。

可能我们还有一个疑问，为什么所有的茶都有咖啡碱，只有普洱茶在利尿与排泄功能表现明显呢？原因是普洱茶的咖啡碱不是"单兵作战"，而是与其他的生物碱，尤其是普洱茶发酵过程中产生的二次代谢物（也称次级代谢物）呈络合状态，协同"作战"的结果。我们在日常饮茶中也发现，饮用普洱茶与其他茶比较，普洱茶的利尿效果显然高于其他茶类。

（2）次级代谢物类。次级代谢是指微生物在一定的生长时期，以初级代谢产物为前体，合成一些对微生物的生命活动无明确功能的物质的过程。这一过程的产物，即为次级代谢产物。次级代谢合成的分子结构十分复杂、对该生物无明显生理功能，或并非是该生物生长和繁殖所必需的小分子物质，如抗生素、毒素、激素、色素等。

以 γ-氨基丁酸为例，当我们将茶树鲜叶放置到厌氧罐密闭时（属于特殊嫌气处理加工工艺），植物自身会出现过激反应，产生次级代谢物质——γ-氨基丁酸（英文缩写 GABA），它能作用于脊髓的血管运动中枢，有效促进血管扩张，达到降低血压的目的。在对中药黄芪的研究中，发现最有效降血压成分即为 GABA。这项研究，首先由日本科学家发现。其实，在普洱茶渥堆发酵及后发酵（生茶、熟茶）过程中，由于同样属于特殊的（厌氧）处理加工过程，都会使茶叶中 γ-氨基丁酸含量增加到 150 毫克 / 千克以上（是普通茶的 10~30 倍），而其他主要成分如儿茶素、茶氨酸等含量保持不变，通过动物实验和临床实验证明含有 GABA 的茶比普通茶具有更好的降血压效果。

还有，普洱茶发酵过程中有霉菌的参与，某些霉菌合成的生物碱如麦角生物碱，也属于次生代谢产物，对降低血压也有明显作用。

其实，与初级代谢产物相比，次级代谢产物无论在数量上还是在产物的类型上都要比初级代谢产物多得多和复杂得多。它们当中的 50% 物质都对降血压产生直接作用。但它们又有一个弱点，单个的次级代谢物虽然"靶向性"很强，但绝大部分处于微量与痕量级，存在明显的"给药量"不足，导致单体的降压作用很小。但将这些次级代谢物汇集起来，虽然它的"总量"仍低于正规药品的剂量，但已经开始发挥降血

熟茶 FERMENTED TEA
一片茶叶的蝶变与升华

压的"药性"作用。

因此，对初级高血压患者（收缩压 140 ~ 159，舒张压 90 ~ 99），可完全采用非药物疗法。但此方法不适用"遗传性因素"高血压患者，但对精神与环境因素、年龄因素（40 岁以上）、生活习惯因素、肥胖、糖尿病、睡眠呼吸暂停低通气综合征、甲状腺疾病、肾动脉狭窄、肾脏实质损害、肾上腺占位性病变等原因导致的初发高血压症效果明显。

男性在 50 岁后，女性 45 岁后，由于舒张压呈现下降趋势，脉压也随之加大，是高血压初始发病的高发区，应引起格外重视，尽早做好预防。其中，保持长期饮用普洱茶的习惯，也是预防高血压的方法之一。

选择什么样的普洱茶？

（1）安全性。主要是农药残留与重金属是否超标。我们在市场调查中发现一个奇怪现象，普洱茶从业人员患高血压病症的比例并不低于其他行业，很大的因素与长期饮用超标农药残留与重金属有关。

（2）发酵较充分、但非过度的普洱茶。

（3）尽量选用从茶叶中低温提取、浓缩、再发酵的茶膏类产品。避免茶品中的污染物与杂质对茶叶主体物质的干扰与损害。当然，更可避免农药残留与重金属超标现象的发生。

摄影／欧巴非

普洱茶调节机体综合代谢异常

盛军 / 文

我们可能一直有个疑问，一方面传统的知识和经验告诉我们，边吃饭边喝茶不利于身体健康；另一方面，蒙古族和藏族等以肉食为主的民族，不仅大量吃肉、喝牛奶，同时还喝大量的茶。他们不仅身体没有病，还可以称为世界上最健壮的民族之一。其实，这一现象和生活习惯对我们当今社会有很大的启发。因为，我们吃肉多，吃高能量的食物多，运动少，吃蔬菜少，喝甜饮料多，喝茶少，所以导致代谢性疾病大量增加。

现代人由于摄入高能量食物多，运动少，能量消耗少，加之生活习惯的改变，各种代谢性、免疫性疾病大量增加。例如，到2009年，中国的糖尿病患者已达9400万人，癌症已成为城市居民死亡的第一原因，北京的白领已经有九成是亚健康状态。心血管疾病大多是由饮食引起的，目前心血管疾病是世界上公认的威胁人类的最大杀手。

在调整代谢的茶类当中，普洱熟茶降血脂、降胆固醇、降血糖的效果是公认的。目前已有很多国内外杂志刊登了相关的论文。从发表的论文和现有的实验结果来看，普洱茶（熟茶）降血脂主要成分是茶褐素（Theabrownins）。茶叶中多酚类物质的水溶性产物主要是茶黄素、茶红素和茶褐素。茶褐素是茶多酚类物质氧化聚合形成的一类结构十分复杂的产物的总称，在普洱茶加工过程中，80％的茶黄素和茶红素氧化、聚合，形成茶褐素，并使其含量成倍增加。

研究表明，普洱熟茶在发酵过程中，儿茶素减少，茶褐素增加。而在人工发酵的熟茶中，游离的儿茶素（主要是EGCG）极少，不到千分之一。最近研究证明，茶褐素是茶多酚与茶多糖、菌类脂多糖、蛋白质以及核酸等共价结合的分子。在酸性条件下（pH值5左右），茶褐素能够聚合成大分子，在胃内酸性条件下（pH值2左右），可形成肉眼可见的沉淀。普洱茶水溶提取物中，约有80％的茶多酚聚合物（茶褐素），8％左右的咖啡碱等。也就是说，茶叶中的茶多酚是活性较强的活性因子，能够与茶叶中的很多成分共价结合，形成茶多酚多聚物。而恰恰是茶多酚的这一性质，使发酵茶产生能够调节人体代谢更有效的活性成分。

普洱茶调节机体综合代谢异常机理主要有以下几方面：

一是茶褐素等具有表面活性剂的活性成分与脂肪（尤其是饱和脂肪酸）、胆固醇结合能力强，抑制其吸收，增加排泄，从而防止人体吸收能量高的食物。吉林大学金英花、云南农业大学、普洱茶研究院盛军等的研究结果表明，普洱茶水溶提取物能够强力结合胆固醇，增加胆固醇在水中的溶解度近4万倍。换句话来说，喝普洱茶能够大大减少食物中游离胆固醇的含量，抑制胆固醇在肠内的吸收，促使之排出体外，从而达到了降低血清胆固醇含量的效果。

二是普洱茶水溶物能够抑制脂肪代谢过程中的关键酶，从而降低肝脏、肌肉以及游离的脂肪组织。如普洱茶能够显著降低乙酰辅酶A羧化酶（ACC）和脂肪酸合成酶（FAS）在RNA水平的表达。这两种酶是脂肪代谢中最关键的两个限速酶，对脂肪的合成至关重要；同时，普洱茶还能增强激素敏感性脂肪酶（HSL）活性。HSL是脂肪细胞内分解甘油三酯的脂肪酶，是动物脂肪分解代谢的限速酶，并在脂质代谢的多个环节发挥作用，其中最主要的就是通过催化水解储存在脂肪组织中的甘油三酯释放出游离的脂肪酸，以满足机体的能量需要。HSL主要在动物的白色脂肪组织

摄影 / 段兆顺

中表达，在肝脏、骨骼肌、睾丸等组织中有少量的表达，其活性受体内多种激素调控。正常情况下，HSL 在动物体内存在有活性和无活性两种形式，有活性的 HSL 可催化甘油三酯水解为甘油二酯和非酯化脂肪酸。因此，普洱茶增强 HSL 活性就可以加速甘油三酯的分解，调节机体的脂肪代谢。

三是通过调节脂代谢来调节血液中的糖代谢。2009—2010 年，在普洱市第一医院和普洱市中医院进行了 1000 多人的糖尿病患者的即溶普洱茶健康体验。体验结果表明，即溶普洱茶对血脂、胆固醇异常引起的 2 型糖尿病患者有效率较高，达到了 75% 以上。对由糖尿病引起的肾病具有一定的疗效，可使 35% 的尿蛋白阳性患者转阴。这表明，普洱茶通过调节血脂、胆固醇代谢，从而调节机体的血糖异常代谢。

不同茶类对机体的代谢调节效果不同。从目前发表的论文来看，绿茶抗氧化、抗肿瘤以及抗病毒的功效较强，发酵茶类如普洱茶除具有绿茶以上的特性外，还具有调节机体代谢异常的功效。从传统的经验来说，人们不建议边吃饭边喝茶。但这只适用于绿茶以及其他不完全发酵的茶。从减肥以及抑制多余的脂肪以及胆固醇等高能量食物来说，可以边吃饭边喝发酵茶，或在饭后短时间内喝，这样可能更有利于抑制脂肪、胆固醇吸收。这从以肉食以及脂肪很多的蒙古族和藏族的生活习惯中得到很好的诠释。

百味之道，健康为王

黄素贞 / 文

  2019 年的广州茶博会上，杂志社的展位上来了一位茶友，和我们交流有关普洱茶的话题。当说到熟茶的时候，他说普洱茶的卫生条件太差了，然后拿出一张他拍的熟茶发酵池的照片，还是贴着瓷砖的那种。我笑着和他解释，这个已经是卫生做得很好的发酵池了，并且反复强调，传统大堆熟茶发酵技术已经很稳定了，只要是正规厂家做的，都是安全卫生的。但他就是不接受，也反复强调，吃的东西掉到地上再捡起来，你会愿意吃吗？我们僵持了一段时间，谁也说服不了谁。最后，我只好带他去旁边巅茶的展位上，让他了解巅茶的竹筐离地发酵技术，无尘车间生产。他终于接受并认可了，他说茶叶就是应该这样做，所有环节都不应该接触地面。

  这个经历对我的触动很大，也曾在很多场合说给很多茶企朋友们。虽然我至今依然绝对认可传统熟茶发酵技术的安全性和健康性。但是，从消费者的消费心理来看，近些年行业内逐渐流行的小堆离

摄影 / 詹本林

地发酵技术，的确能在很大程度上消除消费者在熟茶卫生方面的心理障碍。这就是小堆离地发酵的存在意义吧。

用制药的标准制茶

说起小堆离地发酵，巅茶可以说是走在行业前列的，并且在该领域掌握国家专利技术（天脉 TEM）：一种采用竹筐发酵的普洱茶制作方法（专利号：ZL 2013 1 0493513.6）。该技术于 2013 年申报，2015 年获批。

巅茶的创始人卢志明先生，早年是广州白云山制药厂的药剂师，众所周知，制药工厂的卫生要求是极其苛刻的，对药品、食品的卫生要求，早就埋在了他的潜意识中。

2003 年后，卢志明下海经商，最初选择在芳村做大厂茶的生意。个性不羁的他也经常和朋友们开着越野车，翻山越岭游历全国，尤其是知名的产茶区，当然也少不了云南。早在 2005 年，他就已经驶进了云南莽莽群山里的古茶园，一次次被远离工

业污染，生态自然的古茶树震撼心灵。尽管那时候茶山的道路非常崎岖，有些地方他甚至路都不识，遇到岔路口，只能干等着，有人经过的时候问路；尽管山上环境恶劣，他常常风餐露宿，这都不妨碍他一年一年深入云南澜沧江中下游，足迹遍及各地的古茶园，甚至一些人迹罕至之处。

直到 2009 年，普洱茶市场在经历了 2007 年的风暴后还在谷底挣扎，见识过古树茶的绝美精彩，大厂茶的滋味口感早已不能满足卢志明和他周围朋友、客户的品饮需求了。于是，他毅然放弃了大厂茶的生意，遵循着内心对茶叶品质的高要求，创立了"巅茶"品牌。

那时候关于普洱茶的原始资料非常匮乏，很多信息和话语权都掌握在港台茶商手中，为了追寻普洱茶的传统工艺，他远赴台湾、日本寻访私人博物馆，去查阅有关普洱的贡茶制作工艺、民国工艺等珍贵的资料，藏家不允许拍照、抄誊，他就凭记忆背下来。从古人的智慧和工艺中汲取精髓，融入自己的制茶理念中。最终研制出"簸茶"工艺（生茶制作），复原 1938 年前普洱茶制作技艺的关键技术，也于 2015 年获批国家发明专利。

2010 年，巅茶产品正式上市，当年在茶博会上，绝对是展馆里闪亮的明星。那些年普洱茶还没走出"傻大粗"的外观形象，而巅茶时尚华丽的包装，给人眼前一亮的感觉，只一眼就记住。巅茶的包装之美延续至今，但 10 来年持续关注，越靠近越了解，包装之美只是锦上添花，巅茶的品牌核心价值，是其对品质至臻至尚的追求，无论在原料、工艺、生产、检验还是包装等任何一个环节，都有着近乎苛刻的标准。

生物化学专业出身的卢志明，坚持以制药的标准来制茶，他对普洱茶微生物的微观世界有着谜一般的探索欲。首先，在品牌创立之初，卢志明就坚定了在原料上只采用原生品种的古树茶，十多年没收过一片台地茶。只做古树茶，意味着量不会太大；要达到更高一级别的卫生条件，必须离地。早在 2005 年，巅茶技术研发团队就开始了小堆离地发酵熟茶的研究和实验，在研究过程中发现了古树普洱茶中的有益菌群及其生产酶类的变化规律，将微生物环境条件作为关键技术参数，实现对科学发酵过程的标准化、量化的生产工艺。

2012 年，巅茶终于攻克了小堆发酵的技术难点，比如起温、发酵周期、外源污染等，固定了竹筐小堆离地的发酵模型和工艺流程标准，并将其命名为"天脉技术"。2013 年"天脉 1 号"诞生，开启了熟茶走向高端品饮美学的时代。自此，越来越多的企业开始研制小堆发酵熟茶，各类精品熟茶的陆续面市，不但引爆了"熟茶热"，还让熟茶逐渐走出了过往"低价—低端"的恶性循环。

熟茶的核心价值是健康

如今，在巅茶的产品体系中，生茶与熟茶是二八开，从 2014 年起就逐渐倾向熟茶。当我问及为何现在主推熟茶，卢志明的回答是：熟茶是最健康的茶，也是能够融入每个人的生活方式的茶。

卢志明说，他身边的朋友，无论是多么成功的企业家，身体能够长期承受的就是熟茶，日常消耗也是熟茶，生茶最多只是调剂。他还有些朋友，平时什么茶都不喝，喝任何茶都睡不着，但是喝到巅茶的熟茶时，就不影响睡眠了。"我只要两天不喝熟茶，就会觉得消化功能降低了。"卢志明说。这些亲身体验激励着他，要为消费者精制一杯安全、健康、好喝的熟茶。

不久前，巅茶团队还针对企业家群体做了一份问卷调查报告。关于企业家在日常

供图 / 巅茶

供图 / 巅茶

生活中最关注的点，排在首位的就是健康，其次才是家庭生活、社会关系，最后才是金钱。在物质生活极大丰富的今天，尤其在今年席卷全球的新冠疫情的肆虐下，人们对健康的关注已经到了前所未有的程度。

熟茶的核心价值是健康。从 1979 年法国的"艾米尔医学报告"用人体对照实验证实了云南沱茶（普洱熟茶）在降血脂方面优于降脂药氯贝丁酯以后，销法沱在欧洲风行 30 多年。普洱茶复兴之后，由普洱市政府组织的"没有围墙的研究院"，邀请国内外知名专家，对普洱茶做了大量健康功效研究；以及云南大学、云南农业大学等高校研究机构对普洱茶进行的健康功效研究，所采用的研究对象基本上都是普洱熟茶。同时，研究证明熟茶在降血糖、降血脂、降血压、养胃护胃、抗动脉粥样硬化、降胆固醇、防癌、消炎、杀菌等方面都有着明显高于其他茶类的健康功效。

另外，从中医的角度来看，熟茶作为全发酵茶，茶性已经由寒性转为温性。高节奏的现代生活，高热量高脂的饮食习惯和常食辛、辣、味厚食品恰恰是人体的多发病的源头。熟茶具有双项调节的性味，能清火，又能温胃散寒，调节虚寒慢性腹泻，还能醒神益思，在机体调理中针对热毒、温热、食积等实证最好，对虚寒性肠胃症状也有明显作用，属于典型的温补兼施类饮品。

在普洱茶的传统消费区香港，酒楼里普洱茶一定是熟茶，香港人也不喝未经陈化的生茶，必须是经过人工发酵或者自然后发酵的红汤普洱茶。香港的饮茶之风最早传入台湾、珠三角等地之后，熟茶的消费依然是主流，所以才有邓时海先生那句深入人心的"藏生茶、喝熟茶、品老茶"九字真言。

熟茶的保健价值在于，经微生物发酵后，茶叶的内含物质会分解成有益人体健康的一些因子，比如茶褐素、水溶性果胶、茶多糖、茶黄素、黄酮、他汀类等物质。其中茶褐素是熟茶发酵过程的次级代谢产物，它的性质稳定，不会随着茶叶年份的变化而变化。研究证明，茶褐素具有综合调理人体代谢平衡的功能，在降血糖、血脂、血压、尿酸等代谢异常及预防心脑血管疾病方面效果显著，茶褐素是熟茶最主要的健康因子之一。而经天脉技术发酵的熟茶，茶褐素含量比普通熟茶高 1~1.5 倍。

目前巅茶正在与杭州的中国农业科学院茶叶研究所合作，权威检测熟茶产品中茶褐素的含量。卢志明认为，就像所有的酒都要标注酒精浓度，熟茶也应该标注茶褐素等功效因子的含量，让消费者可以根据自己的健康需求，选择适合自己的产品，这或可让普洱茶行业在实证科学的道路上更进一步。

每一个细节都因健康而生

在我眼里，卢志明是一个臻于完美的"细节控"。随便拿一片巅茶的茶饼便能于细微之处见真章。

1. 包装，除了高颜值，还有安全卫生

巅茶的包装正面，时尚而有格调的设计自不必说，光是每一款茶上文艺气息十足的名字就足以引人遐思了，比如"无界""鱼尾冠""敬畏之心""啸见阳春"……包装纸是从台湾购入的，印刷的油墨均采用植物提取油墨。茶饼背面，整齐均匀的折痕。打开绵纸外包装，里面还有一层白绵纸内包装，从 2010 年巅茶第一批产品上市起，就一直采用双层白绵纸包装。内层白绵纸是进口的不含荧光剂的食品级纯棉纸。这两张绵纸的成本超过 2.8 元，是普通绵纸的四五倍，不惜成本只

是为了把安全卫生做到极致。

2. 森林边的熟茶发酵车间

在这些看得见的细节背后，还有
更多看不见的精彩。你知道巅茶的熟
茶是在哪里发酵的吗？你肯定想不到，
那些采自古茶树枝头的鲜叶，在制成
毛茶后，再度回归森林，经由氧气、水、
微生物菌群的作用，经历一系列的氧
化、发酵等化学反应，在 45~70 天后
完成了生命的华丽蜕变。巅茶的熟茶
发酵都是在大森林边完成的。

为了追求经典勐海味，很多茶企
都把熟茶发酵放在勐海，发酵车间一
般设在八公里工业园区，或者在县城

供图 / 巅茶

及周边的坝区。而巅茶的发酵车间却是在海拔 1600 米以上的格朗和乡。从勐海驱车
45 分钟左右，一路盘山而上到了格朗和乡，才到达巅茶的发酵车间，四周森林覆盖
茂密，负氧离子含量极高。车间里整齐排放着几十个圆形竹筐，直径 1.2 米，深度 1
米左右，据说一个筐能发酵 1 吨毛茶。竹筐内部有铺着两层布，接触茶叶的一层是白
棉布，确保卫生；外层是塑料编织布，用于保温。

"山上不是温度更低吗？那堆温……"卢志明看出了我的疑惑，解释道："这就
是天脉技术的特别之处了，它不仅仅是熟茶发酵工艺流程的细节控制，还包含了发酵
环境、水源、气候等因素。"

关于堆温问题，卢志明继续解释道：熟茶发酵的前部分，是需要大量氧气参与的
有氧发酵，山上负氧离子含量高，能够激活茶叶中的大量微生物菌种，利于起温。有
时候温度高了还需要开窗散热，一般堆心温度要控制在 57℃左右，竹筐外围的温度
稍微低一两度，需要在下次翻堆的时候，人工解块，并将四周的茶叶放到竹筐中间，
中间的放到四周，以达到发酵程度的均衡。

熟茶发酵最重要的还有水。除了洒水量和洒水方式，还有水质问题。卢志明在之

前的发酵对比实验中，他发现弱碱性水相比弱酸性水，更有助于起温。为了寻找适合发酵的水源，他测遍了勐海的水源地，足足找了三年，才锁定了格朗和乡。这里的水pH 值在 7.3 左右，属于弱碱性水，而且是有活性的山泉水，微量元素富集，带来大量的活性酶，不仅利于起温，而且败坏菌少，发酵出来的熟茶干净清爽，没有任何杂味。

试想一下，呼吸着高负氧离子的空气，喝着弱碱性的山泉水，人都会觉得幸福指数爆棚，古树普洱茶在这样的环境下完成自己的发酵之旅，难道"不香"吗？由天脉技术发酵的熟茶，茶汤厚重而透亮，只有茶香味，没有渥堆味，香气体现出典型的麦香、木香、沉香、檀香四种香型，存放半年后即可达到厚重、回甘、生津、层次丰富的口感。

3. 艺术茶厂里的 GMP 无尘车间

打开巅茶任何一饼茶的双层绵纸，里面的茶饼条索肥硕，饼型圆润规整、弧度优美，就像奢侈品服饰一样，仅凭面料做工，让人拿在手里时，就有一种扑面而来的高级感。它们诞生于巅茶位于勐宋的精制茶厂，这个被誉为"艺术茶厂"的工厂，彩色玻璃幕

墙的外观设计，时尚前卫，充满科技感，在勐海的茶厂中绝对是独树一帜的。更重要的是，它是标准的 GMP 无尘车间，所谓 GMP，是一套适用于制药、食品等行业的强制性标准，要求具备良好的生产设备，合理的生产过程，完善的质量管理和严格的检测系统，确保最终产品质量（包括食品安全卫生等）符合法规要求。

我也有幸参观过巅茶艺术工厂，从参观通道进入，就是一种专业制药工厂的既视感，所有接触到茶叶的设备，都采用食品级不锈钢材质；所有的工人都统一着装，戴着帽子、口罩、手套，生产全程采用药品级生产标准，确保无尘、无菌、恒温，杜绝二次污染。

老子曰："天下难事，必做于易；天下大事，必做于细。"说的就是"细节决定成败"，巅茶之美，在于细节之美。无论是在原料上的精挑细选，在鲜叶采摘、初制工艺环节的严格要求，还是在熟茶发酵过程中对工艺细节的精准把控，以及在精制过程中对安全卫生的苛刻标准，每一个细节都是为一杯健康、安全、卫生的高端精品普洱熟茶而生；每一个细节之处，都彰显了巅茶这个小而美的茶企，以科技立身，以品质立本，打造百年茶品牌的决心与底气。

供图／巅茶

好熟茶，吃得安全，吃出健康

滕忠东＼文

　　普洱茶历史发展是断代的，中华人民共和国成立后，在内地成为小众茶类。但在香港却是人们日常生活离不开的一种红汤茶类。90 年代中后期，受港台地区影响，普洱茶星星之火首先在珠三角城市点燃，继而在 2005 年后影响到全国，一跃成为有影响的大众热捧茶类。

　　然而，纵观普洱茶的复兴历程，真正是摸着石头过河。早年关于"干仓好茶，港仓、湿仓发霉茶""熟茶不如生茶好"等理论，影响了很大一部分人，包括我自己。且至今仍深深误导很多普洱茶初识者，让初识者在潜意识里就对普洱熟茶产生抵触、轻慢态度。

　　好在云雾遮不住真相，特别是近年《普洱》杂志溯本追源，倡导科学认识普洱熟茶，让愈来愈多的业内专家详解熟茶发酵的机理和健康功效。自 2017 年后，我也慢慢从"黑"熟茶转变为熟茶"粉"。

"黑"熟茶，源于对普洱茶后发酵工艺的肤浅认识

　　本人于 2001 年辞教从事经贸，身在沿海开放城市——福州，日常与港台朋友经贸合作往来过程中，多有接触普洱茶的机会。因为福建是乌龙茶、绿茶重要产区，作为福建人，我们认为茶叶就应该回甘生津，喉韵强烈持久，普洱生茶刚好能满足这一品饮需求。再喝普洱熟茶，无生津感，并且没有生茶中特有的花香、果香，反而杂有类似"鱼腥"气息的堆味。从而抵制甚至认为其制作不卫生，易发霉，不利于健康。不但自己不喝，还劝自己周边好友也不要喝熟茶。

　　记忆最深刻的有两次。第一次，时间大约是 2007 年，一位久居广东中山的初中老同学回福州同学聚会，听说我喜欢普洱茶，特意给我带回一袋普洱散茶，约 1 千克，价格不菲（现在想来应该是八十年代普洱散茶），与众同学一起冲泡，汤显褐红色，我就一口不喝，还劝在场同学少喝这类"湿仓"茶。结果原本送我的茶叶，被另一位同学拿回家。过了一段时间，这同学与我分享，他与老婆在家一直喝那茶，感觉胃很舒服，身体饮后有发热感，并且他老婆胃功能有了明显改善。但我仍固执己见，劝说

供图／朴境古茶

同学"那茶"就是香港湿仓熟茶。如今回想起来，这些无端的偏执是源于自己认知的肤浅，跟着部分茶商人云亦云，没有科学思维去判断。

第二次类似事件发生在 2014 年国庆期间。当年公司刚尝试生产出第一批普洱生茶，我就约公司路老师，福建茶叶学会《茶缘》刊物主编汤荣辉先生等 6 人，从福州驱车到浙江与资深茶人交流学习。晚间到桐乡，受到老乡又是同届学友孙先生款待。孙先生系浙江省书法家协会成员，在当地经营高端娱乐业，那天晚上他冲泡熟茶接待我们，我则力劝他少喝熟茶，并历数熟茶种种不利。孙先生只是淡淡一笑说，他一直受困于"三高"，身体亚健康堪忧，原先一直喝岩茶、铁观音，两年前，偶然喝到一款价格实惠的熟茶，口感还比较适应，就一直喝到现在，体检得知"三高"趋向正常，特别是血脂值已正常了，身心状态也好了很多。当时的我仍不以为然，编着种种理由，继续黑着熟茶。为此，在席间还与汤主编就"孙总喝熟茶问题"争论得面红耳赤，至今想来自己当时真是无知才敢无畏，心安理得黑着熟茶！

供图 / 朴境古茶

科学普洱观的指导，我逐渐转身为"普洱熟茶粉"

我在习茶的过程，对于勐海茶厂、下关茶厂的普洱熟茶还是比较认可的。对于身边那些一定要喝普洱熟茶的好友，我就建议他们尽可能喝勐海茶厂的茶品。记得 2006 年，偶然喝到大益 2005 年的金针白莲熟茶，口感、体感都不错，特别是几位高中女同学时常向我说起这款茶，以至在 2007 年我花 18000 元在福州五里亭茶叶市场买了一件金针白莲（一饼价约 300 元），要知道当时"白菜""孔雀"明星茶也不过小几百块钱，"八八青"市价 3000 元左右。

2010 年公司因业务关系在广州天河区设立办事处，由公司刘先生具体负责。刘先生是台湾人士，没喝茶习惯，午饭后必到便利店买瓶酸奶喝，我问何故？他解释说"酸奶富含益生菌，有益于肠道健康，消除肠道弯曲处沉积物。"我便建议他试试喝大益熟茶，特别推荐了 2005 年 V93。言及普洱熟茶作为发酵茶，茶汤温热，富含益生菌群，利于肠胃健康。就这样喝着熟茶，刘先生渐入普洱天地，专心精研，今天已成为珠三角地区颇有名气的普洱藏家，从事大益明星"孔雀""白菜"系列茶类的品鉴、收藏、流通。

随着近几年公司主体业务调整，我由经营意大利红酒逐步转移到以普洱茶为业，并注册了"朴境"品牌，开始了产、供、销品牌化运作构想。这几年本人行走于全国各地，观茶展、拜访茶界前辈，向普洱茶界学者、科研人员请教学习。特别是阅读了《普洱》杂志陈杰老师的文章，让我开始对普洱茶有了新的认识起点，树立了自己的科学普洱观。借 2017 年《普洱》杂志创刊十周年纪念活动期，我也专程拜访了陈杰老师，交流普洱熟茶对人体的健康意义。

普洱生茶因茶性偏寒，长期品饮容易让人脾胃受损。我本人之前长期喝普洱生茶，并影响周边好友。从昆明回福州后，我立刻逐一了解长期喝生茶的好友。其中一陈姓大哥直言不讳说他喝了一段时间生茶，瘦了十几斤，胃一直有呕吐感，听从医生建议停饮生茶后，体力逐步恢复。此事震惊着我，引起我的深思：难道自己做古树生普的方向错了吗？

我与台湾刘先生也同一时间出现晚上睡觉流口水现象。问诊中医得知：长期品饮寒性生茶，导致气虚脾湿，严重时夜间睡觉就会流口水。当然，胃有毛病、口腔溃疡也会出现夜晚流口水现象。但我诊断后停喝生茶，甚至中期茶，只喝红褐汤老生茶及年份老熟茶。约三个月后，夜间不流口水了，人气血也好了很多。

从陈杰老师处得到启发，到自己的亲身感受，我在 2018 年 1 月份来到了云南勐海，寻找经典"勐海味"。从原料、工艺、拼配等方向逐步研究，深入原料基地，反复实地考察，逐一拜访曾在勐海茶厂发酵车间、采购组、拼配组的老一辈茶人，认真听取他们的制茶经验。深入厂区逐个考察不同厂家的发酵状况，对大堆发酵、木板离地发酵、竹筐离地发酵等方式进行比较，经两年多的不懈努力，终于形成了自

茶 FERMENTED TEA
一片茶叶的蝶变与升华

己对普洱熟茶的理解，重新审视普洱熟茶对人类的健康价值与意义。

自此，我从对普洱熟茶黑你没商量的"黑者"，华丽转身为普洱熟茶"粉者"，粉得一天生活都离不开熟茶。

我所认可的好熟茶是什么样的？

1. 茶品安全性第一，以欧盟食品安全标准为要求。

当形成自己对普洱熟茶的科学认知体系后，我就在想能不能也做点什么，让更多茶友关注到熟茶对健康的价值与意义。毕竟"吃安全茶，吃出健康"是我们团队秉持的事茶初衷。我们在复刻经典的同时，樸境所制茶品都送检严苛的欧盟食品安全检测。

我们知道，茶叶安全也有其相关标准。国家茶叶安全标准在 2018 年，农残限值由 28 项提高至 65 项，欧盟限值从 467 项提高至 515 项（2019 年），该数据变化说明茶食品安全日益受到人们的关注，检测标准也愈趋严格。但从对比数据也可以看出，二者的限值差异基本在 10 倍以上，有些甚至高达百倍！欧盟严苛的检测标准更能满足人们对于安全食品标准的追求。

2. 好熟茶，经典传统"勐海味"。

在普洱熟茶领域，"滋味浓醇、五味具备，显厚重，回甘迅速而持久"的勐海味最让人着迷，当我们踏遍千山，发现还是经典的味道最让人回味。像樸境的年份熟茶乌金方砖（2012 年原料），就是一款经典"勐海味"的复刻。

乌金方砖严选野放茶园百年乔木大树茶青为原料，由原勐海茶厂资深发酵师渥堆发酵、高级制茶师拼配而成。茶汤表现稳定，"茶气足、口感佳"是我们这款茶上市以来茶友的普遍感受。重要的是，它通过了 515 项欧盟食品安全检测，是让茶友看得见的放心，可以无所顾虑地来品饮我们的普洱熟茶。

我们于 2019 年下半年在各地推出了乌金方砖。经过了一个冬天，它已经成了我们的明星茶品，越来越多的人因自身变化，成了这款茶的忠实粉丝。我认为一款好的熟茶，首先是安全可品饮的，在安全的基础上，我们才能与消费者来谈拼配艺术、口感转变、升值潜力。乌金方砖的干茶色泽褐润，木质香与樟香显，汤色深红明亮，茶

190

供图／朴境古茶

汤厚稠、顺滑、气韵足，体感强，叶底肥厚软匀。只有真正经过传统烟火气息的大树茶发酵的熟茶，才会具有这独特的樟香、木质香、陈香，这些都是我认可好熟茶的特质！

3. 汤感浓稠厚实，给人身体"暖润感"。

现代人饮食以高蛋白、高热量、高脂肪摄入为主，工作节奏快，饮食不规律都加重了肠胃负担，肠胃功能普遍较弱。好的发酵型茶更利肠胃健康。因为发酵熟茶改善了新制生茶寒凉、收敛性强的性状，茶汤变得温和、入口顺滑。由古树大叶发酵出来的熟茶内质更加饱满，厚度十足，滋味醇厚。熟茶发酵后，它大量的衍生物质，在养胃润肠、降血脂、改善睡眠等方面的功效显著。

所以，我们把"暖"和"润"作为熟茶推广的两个核心关键词。比如"知暖"与"暖润"这两款茶与乌金方砖一样，它们来自勐海布朗山野放茶园，严选树龄百年以上的乔木大树茶青为原料，辅以年份茶拼配而成，滋味醇厚，

供图／朴境古茶

茶气足。这是我们对经典的致敬，也是对发酵熟茶健康价值认可更有力的实践。毕竟熟茶制作不仅工序复杂，一次渥堆的原料需要按吨起算，我们用百年乔木大树与年份熟茶，意味着成本投入更高，承担失败的风险更大，对发酵师的要求更高。

好熟茶，吃出安全，吃出健康

我们一直强调，茶首先是食品，我们是要吃到肚子里去的，茶的好与坏，身体会直观地告诉你，喝茶的本质是带来健康，而已经有太多的例子为我们证明了普洱熟茶带来的健康品饮体验。我们坚持以欧盟食品检测标准为安全生产根本，制安全、健康茶。在此基础上，让茶友更放心地与我们携手品饮经典的味道。

从科学角度出发，你会更客观看待普洱熟茶；以身体感受出发，喝到好的熟茶后，你会慢慢体会身体在往健康的方向转变。很庆幸，我和我的茶友们，都还有机会成为熟茶粉丝，去体验熟茶给身体带来的惊喜变化。下面，我们分享几个"熟茶粉丝"的故事：

福建省登山协会朱会长，自 2020 年春节前喝了乌金方砖，因疫情一直待在福州石鼓别苑山上，喝了近两个月的熟茶（乌金方砖），身体感觉变化明显。待疫情好转第一次下山便到樸境古茶长乐北路店与我们一起分享他品饮后的身体感受。第一，肠胃功能得到改善、消化、吸收都正常化；第二，感受到身体综合免疫力得到提高。

茶友倪先生年前体脂偏高，疫情期间宅家，就泡熟茶（乌金方砖），一家人都在喝，连女儿都被它的醇香吸引，天天跟着喝茶复习功课。他与我们分享最明显的是他太太的胃寒和畏冷消失了，冬日里手脚也暖和起来，喝完全身会发热，前几日倪先生去体检，血脂也降下来了，直呼神奇！

我们福州团队的阿英，分享了她母亲的故事。她的母亲有长期便秘的顽疾，年前我让团队成员都带点普洱熟茶回去与家人分享。阿英是潮汕人，家里都有喝茶的习惯，不同的是那段时间她给家人泡的都是喝一次就爱上的乌金方砖，她的老母亲喝了几天后发现能自然如厕了，非常开心喝熟茶改善了自己的难言之隐。

张茶友是省妇幼医院女医生，她对乌金方砖的品饮感受是有非常明显的胃部温暖。她的母亲去年胃镜检查出萎缩性胃炎，这是老年人的通病，胃药与中药长期在吃，她母亲喝别的茶会睡不着，所以过年在家都只喝熟茶。很神奇的是胃疼没有犯过。她的转述是喝完胃部温暖，微微地发汗。张茶友是学医的，第一次对普洱茶感觉到了神奇功效！

还有位茶友也是我同学因身体换过肾，特别重视食品农残问题，得知乌金方砖通过欧盟 515 项食品安全检测，并看了 SGS 检测报告，很安心购买乌金方砖熟茶，多次与我聊到乌金号这款茶不影响他睡眠，入口舒服，回甘好，体感好、通体舒畅，多次购乌金方砖当自己日常生活茶！

这些只是我收到茶友分享的零光片羽，关于茶友每个人的品饮心得我都记着，与他们不定时地约茶、分享、探讨，感受每个人因为喝茶带来的变化，从而更懂得感恩，一片茶叶给人类带来的福祉。

熟茶
新探索

第六章

熟茶 FERMENTED TEA
一片茶叶的蝶变与升华

勐海味的传承与创新
大益第三代智能发酵技术

毕琢雅 \ 文

    一花一世界，一叶一菩提。一片普洱茶也有属于自己的一方世界。生活在其中的子民就是微生物族群，虽然小范围的局部冲突不断，但总体而言，普洱茶世界的民众能够和平共处，除了渥堆发酵时。熟茶的渥堆发酵，表面上看是一个一个静默的堆子，实际里面的世界正在发生着激烈的战争，内部世界不断被拆分，又被重构，物质之间发生转换，让熟茶的口感和香气都有了极大的变化。

    在进行争斗的这些微生物们，用氧化、呼吸、催化、分解、转化等等一系列活动进行，会产生大量的热量，利于发酵堆子起温，促进发酵的进行，较高的温度会杀死有害菌种，有利于益生菌的生长、繁殖、生理代谢等等。那么究竟是哪些菌种在参与其中？

    对于这个课题，大益集团早就开始相关专业的研究了。2010 年启动国家自然科学基金课题项目"普洱茶渥堆机理研究"，建立了云南首家博士后工作站，引进人才，组建正规团队联合多家科研单

位专家并多家机械设备公司共同进行研发和应用研究，属于茶界企业中最早集中进行微生物研究的企业。

今天，让我们走进大益七号院——云南大益微生物技术有限公司，在负责人高林瑞的带领下，来了解第三代智能发酵技术——"菌方"微生物制茶法究竟是怎样的。

50 年大益酵池，勐海味的奥秘

高林瑞是大益七号院的总经理，本人也是茶学硕士。从 2010 年开始，在勐海茶厂技术中心做研究，之后来到这里潜心研究微生物和普洱茶的关系。眼前的大益七号院是一个大概占地 5 亩的"院子"，高林瑞一边带领我们参观，一边介绍："我们是在 2013 年建立了大益七号院，是大益的自有物业，曾作为仓库使用，后来改成实验中心。当时这里是个秘密研发单位，不允许参观和拍照，直到 2018 年才对外开放。"

说起大益熟茶，绕不开它独有的"勐海味"。曾经有不少熟悉大益熟茶的制作工

艺甚至配方的人，按照相同的工艺去发酵制茶，所出品的熟茶始终缺少大益极具辨识度的，公认的"勐海味"。因为，熟茶的品质除了与配方、原料、渥堆工艺息息相关，还有一样很关键的元素——微生物环境。

要了解微生物环境，必须先认识微生物族群，它们有8大家族：细菌、病毒、真菌、放线菌、立克次氏体、支原体、衣原体、螺旋体。每个大家族之下，又有数也数不清的小家族。这些肉眼不可见的小东西们，对人类的态度很不一样。有的憎恶人类，是导致人们生病的罪魁祸首，是冷酷的杀手；有的喜欢人类，能帮助人们抗击疾病，如青霉素等抗生素。在熟茶里面，也是相同的，有益的微生物会让茶汤更加好喝，功能性方面也会对人体更加有益；反之，则会损害人体健康，茶味也并不会愉悦感官。

而微生物环境就更加复杂了，如同茅台镇里才能发酵出正宗茅台味的美酒，想要

做出好的熟茶风味，大部分茶企都会选择来到勐海发酵。勐海八公里有一个发酵十几年的场地，如今也是很多茶企眼中的香饽饽，租来作为发酵场地，租金费用高昂；于是，很多企业纷纷来勐海设厂发酵，不远千里，可知微生物环境的重要性。

高林瑞于 2010—2013 年期间，在勐海茶厂的技术

摄影／黄素贞

中心做研究，发现勐海茶厂的老发酵池微生物是有某种特定规律可循的，这也让他看到普洱茶在微生物科学领域未来产业化的发展方向。"很早的时候，我们就知道普洱茶与微生物的关系非常紧密，尤其是普洱茶的人工发酵，这个过程中，微生物起到了最核心的作用。"

勐海独特的微生物环境孕育了发酵的优良菌群，这是不可迁移，不可复制的，只有经过漫长时间才可以形成，短则十几年，长则几十年，不一而足，这涉及生物的种群集聚效应。这并不是资金、制茶工艺或者提高毛料品质就能够做到的。

一种生物的集聚是为了共同的食物来源、栖息地，而要形成生态圈中某几类生物占据主导必然要发生对抗，同样的发酵优势菌种的形成必然是要求微生物环境产生拮抗，这需要长时间的发酵，发酵优势微生物以堆子为底物生长繁殖，占据整个环境，挤压其他微生物的生存空间，这个过程会出现反复，需要长时间的斗争，所以一个稳定的发酵环境的形成是旷日持久的。而勐海茶厂自1973年开始发酵至今，已不间断连续发酵近50年，其中，微生物是最核心的因素。大益发酵池经过几十年的沉淀，现已形成相对稳定的微生物菌落结构，这是大益茶"勐海味"形成的关键。

十年磨一剑——微生物制茶法

　　随着基因测序技术成本的大幅度下降，微生物研究有了能够进行规模性研究的机会，到了 2016 年，高林瑞带领团队终于查清楚普洱茶在发酵过程中微生物的消长规律——微生物作用完毛茶之后，品质发生的改变和微生物之间的关系。都说复杂的事情简单做，简单的事情重复做，最后必将迎来成功。对于微生物研究这样复杂的事情是没有办法简单做，只能加上大量的科技研究和重复做的恒久耐心，这个过程异常的漫长与孤独。高林瑞笑着形容这段时间如同"坐冷板凳"一般的漫长日子。

　　高林瑞认为："微生物研究的整个过程应该是系统地、全面地、连续性地进行的，否则，在浩瀚缥缈的微生物世界里，这些断断续续的研究中所发现的，不过是管中窥豹，只见一斑而已。微生物研究是很复杂的一件事，如果做不到连续性的研究，对于普洱茶这样一个宏观又系统的工程而言，就很容易形成一种'盲人摸象'的感觉。并且，在研究中我们发现，微生物地域性很强，取样本必须要新鲜的样本，如果我从勐海茶厂老发酵池里取出来的样本邮寄到昆明，那肯定不行了，它们早就死掉了，必须要现场取样才行。"

　　高林瑞带领团队，每天所进行的工作异常繁复和枯燥，就是不断地对所取微生物样本进行测序分析，对比研究。"我们功夫都下在这里啦！菌种库里放着的都是我们勐海茶厂里的母种，成千上万的菌令人眼花缭乱，总得区分一下哪些是好菌，哪些是不好的，毕竟勐海茶厂老酵池里面微生物多得去了，需要通过基因测序来判断。分种，再分菌株，不断送去基因测序，看序列，再来判断，再去验证。显微镜下天天研究，最后才锁定真正能够产生出极具辨识度的'勐海味'的菌方，到底是哪些菌株……这个过程实在非常痛苦。"

　　细菌母种来源于勐海老茶厂1973年用来发酵熟茶的酵池，大益长期致力于发酵，集天时地利人和所有优势为一体。从 2006 年起，高林瑞就已经在勐海茶厂里做熟茶发酵了，厂里每天都有发酵堆，不论春夏秋冬，发酵都没有停止过。"这样，样本的连续性就没有问题了。这个过程整整用了 6 年时间，整个研究过程中，大概取到了 2万个样品。每天取样，让样品有连续性对比，做到了连续性，没有量也不行，样品必须具有丰富度和代表性，而量能代表这个发酵堆子的特点。我们终于明白了大益酵池

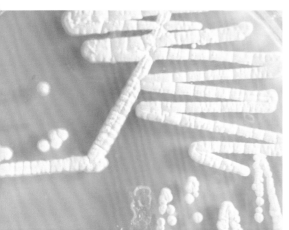

微生物发展规律。"

而对于大家平时熟悉的熟茶发酵，相信脑海里会浮现出一个个的茶叶堆子，哪些微生物参与其中没人知道。高林瑞对于这种传统的熟茶发酵为"自然接种"，传统发酵工艺对发酵师的经验依赖非常高，参与其中的菌种来自大自然的方方面面。然而，经过这样持之以恒且不间断的研究之后，高林瑞的团队已证实几种主要共性微生物是构成微生态的关键，对普洱茶品质及活性的形成起决定性作用。

是时候调兵遣将，将真正参与熟茶发酵的菌兵们掌控手中，来发挥它们真正的实力了。

为实现普洱茶可控工艺，必须进行装备的创新研制。大益又研制了物料输入输出系统、搅拌系统、灭菌系统、补水系统、无菌通风系统、干燥系统、发酵环境理化因子参数实时监测系统，操作区控制方法系统等，基本实现从投料到发酵完成整个过程的人工可控。2015年初，研制了中试水平普洱茶固态可控发酵罐；2016年，在中试水平基础上开始研制生产试验线，在勐海茶厂安装调试完毕（即七号车间），并于2017年初进行试验性生产。

普洱熟茶的发酵就是多轮次的发酵

高林瑞将"微生物制茶法""菌方发酵"统一称之为"第三代智能发酵技术""智能"代表"可控"。

菌方形成后，也在大益七号院的菌剂生产线上进行生产，然后统一送入普洱茶固态可控发酵罐中进行发酵。这些菌方在投入发酵过程中，并不是想象中那样，如同一包泡面里面的调味包一次性倒进去就 OK，而是通过不同的时间段来投入不同的菌种，因为不同时间需要参与发酵的菌是不一样的。

"普洱茶发酵很神奇的，比如普洱茶翻堆，这样的做法表面看是需要散热和降温，实际上，每翻一次堆都意味着这一次发酵的结束，另一次发酵的开始。菌方发酵就是在清楚明了每一轮发酵过后，什么温度下需要什么菌种参与进来的游戏。一般翻堆需要四五次，以后不能叫作翻堆了，这个只是操作层面的行为。普洱熟茶的发酵就是多轮次的发酵。"高林瑞对熟茶发酵做出了总结性评价。

菌方发酵对于发酵空间里的条件是有要求的，空间里的空气，发酵过程中所选用的水，必须得经过过滤，去除杂菌，确保整个用来发酵的空间是无菌环境，水也是纯净无菌的，采用的菌方也是特定的，所有的一切都在可控之中。"现在大益的菌方主要包括酵母、益生菌、曲霉，大概这几大类。可控发酵给消费者带来的实际好处就是品质稳定，安全品饮。菌方发酵会比传统发酵有更多的小分子在茶汤里，这样会更加有利于消费者身体吸收。"高林瑞一边介绍菌方发酵的特点，一边拿出一盒大益"益原素"普洱茶晶冲泡。入口后，能感受到菌香很明显，很纯净的茶汤，没有一丝异杂味。"大益益原素的发酵不能是单菌，而是复合菌，我们这样处理下来的产品品质是稳定的，不再依靠经验操控发酵，而是有一整套标准化的流程来进行操作，做到可控发酵。益原素系列产品也是大益七号院经过这十年研究推出的第一款产品。"

益原素茶晶大小形状和一盒烟一模一样，里面装着 14 条与香烟一般长度的茶晶。"抽烟无益，我们专门做成香烟盒的形状，大家坐在一起打开盒子，用发茶晶的方式来取代发烟，也是传递健康的方式。"高林瑞就经常会在出差的时候，随身携带一盒，非常方便与其他人共同分享益原素茶晶。

除了益原素茶晶、茶饼，还有易拉罐包装的益原素茶饮料。2020 年 3 月 2 日，大益得知湖北省新冠肺炎疫情防控指挥部将茶叶纳入生活物资运输保障范围后，为方便疫区人员的饮用，克服重重困难加速生产了一批专供湖北的新型液态普洱茶新品——益原素普洱酵饮，定向捐赠给湖北武汉市和咸宁市。"因为医生在前线非常辛苦，穿着防护服不可能泡茶，甚至喝水都不方便。这款饮料就是考虑到他们的喝茶需要量身定做的。"这款带着浓浓善意的茶饮送到医院后，受到了所有医护人员的喜爱，成为他们在极端情况下疗愈身心的

摄影 / 黄素贞

慰藉。对于这款特殊时期，用最快速度确定口感和配方的产品，高林瑞都没有想到居然会那么受欢迎，截至目前所有生产出来的灌装益原素早已被各类经销商订购一空。也许，正是这种充满着人性温度的饮品，本身就有一种魔力吧。

高林瑞认为，人类的发展是永远朝着科技和健康的方向去的。目前大益传统发酵和可控性发酵两种形式的发酵都在进行着，毕竟很多熟悉大益产品的茶客们还是很认传统发酵的那个味道。"这个工艺是很难模仿复制的，还没有形成流行趋势，不仅需要资金投入，还需要有人才组成稳定团队，但是我依然相信十年之后，一定会是可控发酵的世界。"高林瑞希望有更多茶企都来做这方面的研究，未来普洱熟茶菌方可控发酵将会出现百花齐放的状态，那将是众多普洱熟茶茶客们的福音。

"茶曲"的使用，提升熟茶发酵技术

张理珉 / 文

发酵食品，人类健康之盾

发酵食品是指人们长期探索并利用有益微生物，按照各种不同生产工艺，加工制造的一类食品和饮料，具有独特的风味，能增强人体营养吸收和利于长期贮藏，同时也赋予其一定的保健功能，如酸奶、干酪、酒酿、泡菜、酱油、食醋、豆豉、纳豆、白酒、黄酒、啤酒、葡萄酒等，我们现在常吃的发酵食品主要有谷物发酵制品、豆类发酵制品和乳类发酵制品。普洱熟茶的渥堆发酵也是经过有益微生物参与进行的后发酵，属发酵食品范畴，是很多人都喜欢品饮的一款茶类，其成品茶性温和，对身体刺激性小，通过近年研究发现具有降脂、减肥、降血压、抗动脉硬化、降血糖、养胃护胃、健牙护齿、抗衰老等多方面的保健作用。

供图/蒙顿茶膏

发酵食品的共性：微生物的参与

食品发酵工艺的应用在人类文明史发展中占有一定地位，不仅为人类提供花色品种繁多的食品以及改善人类的食欲，还提高了它的耐储藏性。大多数食品的发酵都是在有益微生物参与和特定的人为控制条件下进行，在此过程中有益微生物在其新陈代谢过程中获取生长必需的能量和物质的基础上，使食品的原有的成分得到了分解、转化和重新聚合，从而产生众多新物质成分，改善了原有食品的结构、风味、营养等，获得了诸多有益的功能。

食品发酵主要是在有益微生物的参与下进行的，所以控制发酵过程中有益微生物的参与程度是至关重要的，主要涉及有益微生物的种类（酵种）的使用，及其有益微生物的生长必需温度、酸度、氧气等内外部因素，这些因素决定着发酵食品的成败、产品质量及后期贮藏。

"酵种"是特指一类对特定发酵食品进行发酵的有益微生物类群，存在于特定的

原料和环境中，当条件适宜，能迅速繁殖并抑制住其他杂菌生长，促进发酵，向预定的方向进行。

早期人们应用的是自然分布的微生物进行，会带来发酵启动慢、可控性差、副产物多、产品质量不稳定等诸多不利因素。随着人们对微生物和发酵机制的认识深入及科学技术的发展，进行了有针对性地寻找有益微生物（分离、筛选、优化培养），并加以人工控制下纯培养，形成了单一或多个纯化菌种（酵种），在使用时视发酵制品而定，可单一菌种使用，也可多菌种混合使用（包括分次顺序使用），从而提高了发酵效率、稳定性及产品质量和安全，同时结合对原料的预处理（热处理），能有效地控制原材料的自然存在的有害杂菌，所以现阶段制葡萄酒、啤酒、醋、腌制品、肠制品、面包、馒头及其他发酵制品时，已经使用专门培养的菌种而制成的酵种进行接种和人工控制发酵，以便获得品质良好的发酵食品。

普洱熟茶发酵过程中
微生物的参与和控制

早期普洱茶在长期的运输和贮存过程中发现其品质向红浓、醇和变化，品质明显提升，从而有人进行了模拟此过程中，也达到了相似的目的，一直到1973年吴启英等人才进行了系统大规模实践，发明了潮水渥堆发酵普洱茶工艺，生产出普洱熟茶，从而认识了微生物在渥堆发酵的

摄影／段兆顺

206

作用（黑霉、白霉），这个时期只是利用原料茶叶、环境本身所带有微生物，通过控制水分和温度进行自然发酵，进而形成了"勐海味""昆明味""澜沧味""永德味""下关味"等普洱熟茶不同的风味特点。

但微生物有其复杂性，存在同种不同功，不同阶段微生物和代谢不同，代谢产物多样性，这样给普洱熟茶产品带来多样性的同时，也带来了不良的气味（仓味、霉味）、叮、麻、干等，也存在安全隐患和产品质量不稳定等诸多不利因素。

人们经过长期科学研究，从普洱熟茶中分离得到多种微生物——黑曲霉、酵母、青霉、根霉、灰绿曲霉、灰绿曲霉群、细菌、土曲霉、白曲霉、蜡中枝孢霉、曲霉、毛霉、杂色曲霉、聚多曲霉、链霉菌属的灰色和粉红色球菌等。有学者也利用所分离的微生物进行了人工接种发酵的有益尝试，取得了一定的成果，但因为发酵期长、微生物变化大、诸多生理生化变化不清楚，产品品质提升有限。

人们除了进行传统大堆发酵和有益微生物的应用，也认识了控制发酵条件从自然筛选出自然存在的有益发酵微生物，提升其作用有利于发酵和产品品质提升，所以现在市场上出现了小筐发酵、离地发酵、菌种发酵等其他发酵方式，但是与传统发酵相比，小筐发酵和离地发酵虽然对茶叶数量的要求较小，对堆温、水分和发酵控制更具有挑战性。

由"酒曲"概念引发的
关于"茶曲"的研发和应用

根据考古资料可知，人类从 8000 年前就已经开始，

在长期生存中根据生活经验，在不自觉的情况下利用有益微生物进行发酵，其中我国的制曲酿酒工艺就是最为典型的实例之一，公元前14世纪，《书经》有"若作酒醴（lǐ），尔惟曲蘖（niè）"的记载（醴，是指甜酒；曲，是用谷物培养霉菌等微生物制成；蘖，是发芽谷物，如作啤酒的麦芽），先利用霉菌（曲）对谷物淀粉进行糖化，然后利用酵母菌进行酒精发酵，这是今日的序列发酵和混合发酵的一种雏形，在微生物发酵工艺史上有着重要的地位。经过多代的经验积累和工艺的优化改进，形成了历史悠久、工艺独特、经验丰富、品种多样等特点。

"曲为酒骨"，酒曲是核心，也是有益微生物培养、增殖、优化过程，制曲和选择用曲是酿酒工艺的重要组成部分，在制曲与酿酒技术上早有丰富的经验，在《齐民要术》（公元6世纪）和《天工开物》（1637年）等典籍中都有详尽的记载。形成了多种多样酒曲，主要有大曲（传统大曲、强化大曲、纯种大曲）和小曲（传统小曲、纯种小曲），其中含有多种有益微生物（根霉、米曲霉、红曲霉、毛霉、酵母菌、己酸菌等），利用这些酒曲结合酿酒制作工艺，形成了多种香型和滋味等酒品。

云南大学生命科学学院张理珉等自2005年起，从微生物生长代谢和发酵工程专业的角度，从多种来源的样品中进行微生物的分离工作，得到了霉菌、酵母菌、细菌和放线菌等，从众多菌种中经过科学筛选方法找到有效有益的菌种，并在此基础上进行菌种的科学合理组合和配比，完成发酵前"茶曲"的培养，并用于普洱熟茶发酵，控制一定发酵条件，形成了具有醇、甜、柔特点的普洱熟茶产品、"茶曲"培养和发酵技术。

2009年在普洱市利用"茶曲"优势菌的技术，完成了"普洱茶人工控制发酵"中试项目，后期又进一步探索和完善进行了大规模发酵工艺和技术。

"茶曲"发酵方式，对熟茶发酵技术的提升

在普洱熟茶的生产中，因为其核心是有益微生物参与的众多代谢、生理生化反应等过程，所以更需要优良的菌种和菌种培养（形成"茶曲"），利用"茶曲"及其发酵技术也被称为控菌普洱茶发酵，同时根据有益微生物的生长规律和代谢特点，依靠现代微生物技术进行严格的发酵控制管理。具有以下几方面的优点：

（1）在发酵中使用"茶曲"，可使得"茶曲"里的有益菌快速形成优势菌群，占据发酵的主导地位；

（2）在发酵工艺和技术上稳定和可控性更好，所有措施都可以有针对性围绕有益微生物的生长和代谢；

（3）明显缩短发酵时间，普洱熟茶产品能充分体现"茶曲"中有益菌的品质特点，且多批次质量稳定；

（4）利用不同的"茶曲"可得到不同品质特征的普洱熟茶。因此将"茶曲"应用在普洱熟茶发酵生产上具有积极的意义，也值得众多学者进行科学研究和实践，提升普洱熟茶的品质和风味多样性，开发其保健功能。

摄影／段兆顺

轻发酵，让熟茶更值得玩味

黄素贞 / 文

    普洱茶近 20 年的复兴之路，也是普洱茶的逆袭之路。各种理念层出不穷，在真实与模糊之间，在传统与创新之间，在肯定与否定之间，不断交替上演。比如说，在 21 世纪以前的几十年里，普洱茶主要出口香港，大家默认的普洱茶就是熟茶，而生茶则被称为"青饼"。而当 2008 年"普洱生茶"正式被纳入国家标准以后，一个属于生茶的时代开始了，尽管业界对"生茶"是否应该归属普洱茶仍有争议，但不可否认的是，在普洱茶友圈里，生茶早已深入人心，完美实现了逆袭之路。

    基于之前老茶的指引，以及古树茶、山头茶的概念被开发出来以后，生茶因后发酵带来的越陈越香，以及由古树茶带来的百山百味，让生茶变得变化万千、玩味无穷，成为众多普洱玩家、藏家的首选。而普洱茶正是因为这份可玩味性，让其在复兴之后，迅速反超绿茶、乌龙茶等茶类，成为全民性茶品，甚至成为茶人的最后一站。

供图/守兴昌号

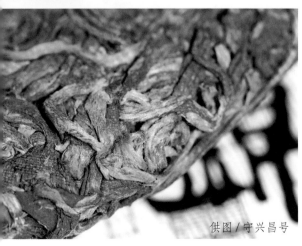

供图/守兴昌号

反观熟茶，自20世纪70年代渥堆发酵工艺成型以来，熟茶一直以健康价值享誉全球，是法国人药店里的降脂药，是日本人的窈窕茶，是香港人生活的日常必需品……但是，当人们的物质生活极大丰富以后，茶，也逐渐从饮品层面走进了人们的精神世界，除了喝着健康，还得好玩、有乐趣。而熟茶的滋味口感相对中庸、温和，口腔冲击感弱，香气也比较内敛，而渥堆带来的完全发酵，也让熟茶的后发酵空间不大，可玩味的兴趣点不多。

再加上，作为日常消费品的熟茶，市场价格不高，熟茶发酵的损耗大，技术门槛高，很多企业都不愿意拿好的原料来发酵熟茶，以至于熟茶在一段时间内走进了低端产品的恶性循环中，市场上高品质的熟茶凤毛麟角。这个曾经独享过"普洱茶"这一名字的茶类竟然落寞至此。

"技术流" 陈晓雷

如何让熟茶兼具健康价值和越陈越香的可玩味价值，成了很多茶商和制茶人不断思考的方向。守兴昌号的品牌传承人陈晓雷，从 2011 年就开始致力于熟茶发酵研究，希望通过自己的努力，研制出优质的，具有赏玩价值的精品熟茶——小堆离地轻发酵熟茶。

80 后的陈晓雷，曾当过 8 年特种兵。退役之后，机缘之下，2007 年进入普洱茶行业，主营原料生意。10 多年来，他跑遍了云南所有的产茶区，熟悉每一条山路，每一个山头，是名副其实的"茶山人肉 GPS"。收原料的同时，他也经常往来于各大小茶厂，跟着茶厂的老师傅们学习普洱茶的制作工艺。不管是在山上的初制所炒茶叶做毛茶，还是在茶厂里养地、打堆发酵熟茶，每一个环节他都虚心学习，深度参与，并融入自己的思考和钻研，把自己修炼成了制茶高手，是个十足的"技术流"。

2017 年，做了 10 年原料生意的陈晓雷，注册了"守兴昌号"品牌，这是贡茶之乡易武的百年老字号，他们的后人早已无迹可寻。陈晓雷成为"守兴昌号再传承人"。

摄影/黄素贞

而"守兴昌号"也被定位为"专注高端小众精品普洱茶"的品牌。所谓"十年磨一剑"，10年来，陈晓雷走过太多的古茶山，领略过生态极佳的小产区茶的极致精彩，他便希望能够把普洱茶真实的精彩带给更多的发烧级茶友。

不知从什么时候起，"80后"已经不是年轻人的代名词了，他们成长为社会中坚力量，他们也是承前启后的一代。不人云亦云，坚持实践出真知，致力于对老字号匠心精神的传承，对传统制茶工艺的不断追寻和复兴，是以陈晓雷为代表的80后茶人的专业态度。

探寻熟茶的风味历史和传统路径

"现在市面上常见的熟茶，并不是传统的熟茶，八九十年代以前的熟茶都是轻发酵的。"陈晓雷这句话，让我不禁有些愕然。关于熟茶的历史，我们只记住了教科书里说的那些，却从未研究过熟茶的风味历史。70年代、80年代、90年代、2000年以后，熟茶的风味都是一样的吗？它们的工艺细节是否有过变化呢？

2010年，陈晓雷在茶厂学艺的时候，一位从勐海茶厂出来的老师傅给他喝了一款2006年自己发酵的熟茶。原本对熟茶意兴阑珊的陈晓雷，却被这款茶惊艳了，喝起来全然不是当时市面上常见熟茶的那种平庸、呆滞的口感，它像老生茶一样的生津和回甘，喝在嘴里充满了活性，这完全颠覆了他对熟茶过往的认知，原来熟茶是可以这么美好的！

供图/宇兴昌号

陈晓雷从老茶人那分得一件茶，如获至宝，将其命名为"蓝本纪"。因为此后他关于熟茶的研究，都是以这款茶为"蓝本"的，这款熟茶仿佛开启了一道"法门"，引领着他去探寻和研究熟茶发酵的传统路径和风味历史。

他听老茶人们讲，国营茶厂时代的熟茶，发酵程度并没有现在市场主流产品这样重。过去并没有"轻发酵""重发酵"的概念，于是陈晓雷开始从大量的历史资料中去梳理和重构关于普洱茶发酵的历史。

熟茶渥堆发酵的前身是潮水茶，远远早于1973年。1939年，李拂一的《佛海茶业概况》中，就有关于洒水"筑茶"的记载，以及关于云南藏销紧茶"潮水"后进行三次发酵的详述。这些制茶技术都明确地写入了于1949年出版的大学课本《茶叶制造学》中。这些是号级茶时代的传统制茶法，经过潮水发酵后的"红汤茶"是民国时期的主流，出口到香港之后，也要存放六七年达到醇厚口感时才出售。

五十年代公私合营之后，开启了印级茶时代，出口香港的普洱圆茶，大多是未经发酵的青饼。喝过大量普洱老茶的收藏家何作如多次表示："号级茶和印级茶之间的差异之大，形同陌路。"香港人喝不惯青饼，便开始自己研究潮水发酵茶，据香港茶商林修源先生介绍，香港的潮水茶，也是几百千克茶堆在地上少量潮水发酵数日，待水分未完全干透的时候，装进麻袋继续存放一段时间，少则几个月，多则数年。发出来的茶，不仅有着老生茶的红汤，更有老生茶的甜润和活性，这才是熟茶的滥觞。之后，香港潮水发酵茶传到了广东省茶叶公司，最后在 1973 年被云南茶叶公司学习，1975年熟茶工艺正式定型。

为了适应香港市场的需求，早年熟茶的发酵程度没有现在的重，因为香港茶人习惯"入仓"，无论生茶熟茶，到了香港都要在仓库里存放一段时间，出来他们认可的"梅子香"以后才上市销售，一般熟茶 1~3 年，生茶 10 年以上。所以，这就要求熟茶的发酵程度偏轻一点，为入仓后的陈化留有余地，如果发得过重，在香港高温高湿的仓库中，很容易碳化。2005 年以后，普洱茶在中国内地开始复兴，为了适应快速消费，熟茶的发酵程度才逐渐偏重。

熟茶的诞生，就是为了追寻老生茶醇厚的口感和红汤，并且还能像老生茶一样越陈越香。追寻到熟茶的"初心"，陈晓雷把做出像老生茶一样，保留茶叶的一定内质，有生津回甘的口腔表现，叶底柔软，有活性，有越陈越香的后陈化空间的熟茶，作为自己的制茶目标。

轻发酵熟茶，不是发得半生不熟的茶

从 2011 年到 2013 年，陈晓雷一头扎进了勐海的发酵车间，在过往大堆发酵的经验基础上，他开始试验小堆轻发酵熟茶，木桶、竹筐、木箱等等都试验过，最后定型为金属框架内置纤维布的小堆发酵方式。陈晓雷说，最初做小堆离地发酵只是在试验轻发酵熟茶的过程中想节省原料，后来却因为这种方式解决了消费者对熟茶发酵卫生问题的忧虑，反而发展成了行业流行。

如何让熟茶有老生茶的韵味与活性呢？陈晓雷反复研究、试验，最终定下了"轻发酵熟茶"的模型。关于"轻发酵熟茶"，陈晓雷解释道，所谓的"轻"是相对的，只是为了和市场主流的熟茶进行区别。很多人对"轻发酵"有误解，总以为是发酵时间更短，没有发熟发透的那种半生不熟的茶。其实不然，轻发酵熟茶同样是发熟了的，

发酵时间也和一般大堆发酵一样，需时45~60天。发出来的叶底也是色泽匀整，呈褐色，茶汤呈红珀色。轻发酵熟茶只是在潮水量、起温的速度、翻堆的时机等过程的细节中进行精准把握，从而保留茶叶中的一部分活性物质，不被完全分解。这才是"轻发酵"的关键命门所在。

可以说，"轻发酵"的核心是对发酵过程的精准控制。比如翻堆，需要精准把控堆温来确定翻堆时间，一般在温度恒定，没有呈现下降趋势的时候，是不会翻堆的，当监测到温度开始往下走的时候，才翻堆。需要在发酵的过程中不断品饮试喝，当达到理想状态的时候就迅速出堆，由于茶叶在干燥过程中也会产生发酵，必须提前一个度就停止发酵。

陈晓雷说，开始做轻发酵熟茶的感觉，特别像养小孩，时时刻刻要警醒、关注，隔一会就看看有没有变化，过几天就要从堆子上抓点茶来试喝一下。但是，经过多年的实践，现在的陈晓雷已经完全克服了轻发酵熟茶的技术难点，并熟练掌握了轻发酵熟茶的技术流程，什么时候翻堆，什么时候补水，什么时候出堆，他都了然于胸。

活性，是轻发酵熟茶的核心

既然都是发熟发透的茶，那我们怎么来辨别所谓的"轻发酵熟茶"呢？看到我一脸的疑虑，陈晓雷继续解释，对于发酵程度，很多人喜欢用 6 成、7 成、8 成类似这种量化的指标来表述，实际上这种提法并不准确，只是目前还没有相应的仪器来检测，很难给出一个精确的指标。在这种情况下，判断熟茶发酵的程度，我们只能从"活性"这个感官指标来判断，比如叶底是否有柔韧性，茶汤是否有回甘生津、是否有喉韵等。一般的熟茶讲究的是香、甜、滑、厚，而轻发酵熟茶讲究的是活性，追求的是甘、润、活，是老生茶的韵味，两者侧重点是不同的。

为了让我更理解轻发酵，陈晓雷给我泡了几款轻发酵熟茶。打开双层包装纸，只见茶饼油亮，条索肥壮，金毫毕显，非常漂亮；冲泡后，汤色红浓明亮，茶汤入口清爽，没有任何堆味、杂味，更没有附着感，还带有微微的果酸，就像咖啡里的果酸那样，是愉悦爽口的那种果酸，且很快化去。茶汤非常甜润，有明显的回甘、生津感，的确与平时常喝的熟茶有一定的区别，再看叶底，同样呈褐色，均匀、柔软、有活性。

面对这款茶，我也提出了自己的质疑，我们过往对熟茶的认知里，熟茶追求的是厚度，是一种像米汤一样的糯滑感，但是在这款茶里我暂时没有体验到。陈晓雷说，这也是他经常被问到的问题，其实这是轻发酵熟茶的特点，在新茶阶段，小堆轻发酵熟茶在汤感上的确不如普通大堆发酵的熟茶。

供图/守兴昌号

以陈晓雷的经验，他们用大树春茶发酵出来的熟茶，在厚度上都达不到用台地茶夏茶发酵出来的汤感和厚度。因为在发酵过程中，茶叶中的一些物质是在降解，比如茶多酚、氨基酸等，而另一些物质却是在升高，比如水溶性多糖和果胶类物质，而熟茶的厚度、糯感一般都是由水溶性多糖和果胶类物质在起作用的。轻发酵熟茶在发酵过程中，精准地停在了茶叶内含物质降解和上升的某个平衡点上，从而保留了茶叶的一部分活性，能够在后续仓储过程中慢慢地体现普洱茶越陈越香的变化和魅力。

守兴昌号的所有熟茶在上市之前都需要经过三年的养堆。毛料发好之后，需要装袋放置一年，然后进行筛分、拼配，再放一年，最后压完饼，又放一年。经过至少三年的时光淬炼，轻发酵熟茶的协调性、综合表现最佳的时候，才呈现在消费者面前，同时还能在后续的陈化过程中逐渐达到最完美的境界。

轻发酵，让熟茶更值得玩味

回到文章开头的话题，熟茶的落寞很大程度上是因为市场上的产品总体品质不佳，以及缺乏后陈化空间，没有可以玩味的兴趣点而导致的。可是，当越来越多的企业开始选择用优质的原料甚至是古树茶原料进行发酵的时候，人们才恍然发现，原来熟茶也可以那么好喝，那么有韵味。"熟茶热"近些年正悄然兴起。

一款有生命力的熟茶，不止好喝，还得好玩。轻发酵因为活性的保留，让熟茶的仓储陈化成为可能，在若干年后达到滋味口感的峰值，使汤感更醇厚，黏稠感增加，陈韵更明显，而不是在出厂的时候就达到峰值了。也因为这份可以期待的变化，让轻发酵熟茶也可以和生茶一样，也有了更多可以玩味的空间。

喝到第二款茶的时候，我隐约感受到一种易武茶的甜滑柔顺。当我以不确定的语气提出来的时候，陈晓雷笑了。"你的感觉没错，这款'锦瑟'就是用了易武四个寨子的茶进行拼配的，当然是易武味十足了！"守兴昌号的所有熟茶都是大树茶原料发酵，轻发酵熟茶在保留茶叶活性的同时，还能最大限度地保留茶叶的产区风味。比如以勐海大树茶发酵的"风韵"醇厚浓酽；以临沧大树茶发酵的"芳华"则香润纯和。几款熟茶风格迥异，产地特征明显，熟悉山头茶的茶友一喝就能体会。还有一款"老曼娥"更是独特，守兴昌的熟茶大多是小产区范围内的拼配，而"老曼娥"熟茶却是一款纯料熟茶，老曼娥最独特的苦底，经过轻发酵，依然保留着那份山头韵味，被茶友们形容为"入口难忘的苦，沁透喉咙的甜"。

每一个区域的大树茶经过轻发酵，依然保留着各自的产区特征，而它们之间的差异也非常明显。谁说熟茶不能玩山头、玩产地？轻发酵熟茶，是可以期待，可以玩味的熟茶。"我虽然研究轻发酵熟茶，但并不是说主流的熟茶不好！"陈晓雷一直强调，"我只是希望能带给消费者更多的选择性。因为市场的需求是多元的，熟茶也是包容性最强的茶类，熟茶也可以有 N 种可能。"

轻发酵熟茶不仅丰富了熟茶产品的品类，更让熟茶变得值得玩味。消费者可以在享受熟茶的健康价值的同时，欣赏岁月流转之于普洱茶的万千变化，让未来的每一个未知都值得期待，又充满惊喜。

玩茶之乐，不正在于此吗？

供图/守兴昌号

小堆发酵：是技术不是概念

白马非马\文

　　小堆发酵的概念，在普洱茶界已经流行多年，许多人都在尝试小堆发酵。但这些年茶界已经形成一种顽固的共识：茶叶还是要大堆发酵的好，毕竟其是传统经典的发酵工艺。小堆发酵被视为一种营销噱头，白白浪费了古树茶之类的好原料，发酵出来的产品未必比得过传统大堆用一般生态料来发的。

　　这种偏见，一方面来自大家认识与接受新事物需要一个过程；另一方面源自小堆发酵技术还有一些关键性的难题没有解决。但许多人不知道的是，小堆发酵的技术难题，早在 2012 年就被一家特立独行的茶企——巅茶攻克，并于 2015 年获批国家专利："一种采用竹筐发酵的普洱茶制作方法"（专利号：ZL 2013 1 0493513.6），被巅茶命名为"天脉 TEM 技术"。

供图 / 巅茶

开启高端熟茶艺术智造时代

巅茶的此项发明专利针对的仍然是传统产品。它采用竹筐发酵工艺，能够快速提高发酵温度，不接触地面，使得发酵过程避免吸收地气与湿气；利用微生物的作用以及茶叶基质间的氧化聚合或整体的酶促作用，使茶坯体形收紧，从而实现小堆量（如200千克）的古树茶也可以进行发酵。

大堆熟茶是工业化大生产的产物，适合大众品饮以及原料成本不是很高的熟茶产品。传统大堆发酵通过精细化生产以及改进与提升发酵技术，也可以做出精品熟茶，开发高端市场。但小堆发酵在高端熟茶与定制化、数控化、精细化、清洁化生产方面更具优势。

首先是普洱茶的稀缺原料在某种程度上只适合小堆发酵。现在好的原料价格越来越高，尤其是古树茶这种稀缺资源，价高而且数量有限，很难采用传统大堆动辄10吨的发酵方式，往往只能一两百千克起一个堆子，这显然要用更精深的发酵技术来完成。

其次是在当今社会，除了满足基础需求的大工业生产之外，消费在升级，人们越来越追求小而美、小而精的东西，个性化定制也非常盛行。大堆虽然也能出精品，但小堆发酵更适合消费升级潮流。在某种程度上可以说，大堆发酵以大众产品为主兼顾高端精品消费，小堆发酵专为精品而生。

最后是因为小，可以当熟茶的艺术品来精心打磨，所以更容易慢工出细活，更容易把控品质。小堆可以在品质第一的基础上来探索数控化生产，并将熟茶品质上升到产品艺术的高度。

解读天脉核心技术

巅茶掌门人卢志明是业界的一个著名"茶痴"，玩茶玩到痴迷，那么其追求的口感就比较尖锐，市场很难找到让其满意的茶，那就亲自去做给自己喝的茶，并在同一志趣的发烧友圈子里流通。早在2005年，卢志明就用古树料试做小堆熟茶。就这样开启了为期10多年的竹筐小堆熟茶探究之路。这一路痴迷地玩下来，其也由超级发烧友变成了小堆熟茶的创始与代表性企业掌门人。

"天脉技术是工匠精神创作出来的现代工艺，技术成熟后衍发为一项专利技术，直至成为一个产品，它的成功更多的来源于痴迷和经验。"卢志明说。"2013年我们定位做一款高端古树熟茶，于是天脉1号诞生了，我们之所以称之为狭小，是因为高端古树熟茶相对于古树生茶及传统熟茶，其实真正见识过的人并不多，而真正敢用古树发酵熟茶的品牌也并不太多。这是因为利用纯料古树发酵熟茶的商业风险是显而易见的：

一是投资量大，随着这几年茶界对山头古树的追捧，各山头古树动辄上千甚至上万，而发酵熟茶为了保证堆头的起堆发酵温度需要至少几百千克的原料，这是很大一笔资金，无实力者不可为之。

供图/一杯活法·喜悦茶空间

二是技术难度，传统的熟茶用的原料大多为雨水茶、谷花茶，原料便宜，容易大量收购，起堆发酵用传统地堆法比较成熟，但古树茶发酵受原料数量和投资量因素制约，一般起堆量少于1吨，从技术上来讲不容易起温，发熟发透需要相当的技术，这虽在N年前就不断有人尝试但大多以失败告终。

三是发酵周期长，传统地堆发酵需要4年以上才能去除渥堆味（泥腥味），这对于生产者推入市场无异于一只拦路虎，时间太短市场难以接受，时间太长资金周转压力太大，一般厂家都难以承担。

四是卫生洁净度，地堆发酵熟茶因为直接在地板上发酵，加以数量巨大，在翻堆过程中操作者和操作工具很容易带入杂物造成污染，在后期加工制作过程中渥堆味较难以去除（传统地堆发酵起堆量大，容易造成外源性污染）。

以上，造成了市场上对熟茶低端脏乱的不良印象。"卢志明分析道。

熟茶 FERMENTED TEA
一片茶叶的蝶变与升华

"天脉作为高端古树熟茶的发酵技术，它主要解决了离地发酵数量少起堆难的问题，运用独一无二的竹筐发酵技术，可以更精准地控制发酵温度和微生物菌群，缩小发酵周期，减少外源污染，从而使昂贵的高端古树原料小批量发酵成为可能！而更因为其原料的珍稀，技术的复杂且难以复制，所以天脉从诞生之日起就带着高贵的血统，沿着这个思路，我们也将通过用商盟的方式把天脉系列打造成'熟茶界的LV'"。卢志明很有信心地说。

小堆发酵技术的探索之路

现代熟茶早在1984年已经技术成熟，为什么小堆发酵技术直到最近几年才成熟？因为小堆渥堆发酵毛茶有个致命伤——堆温难起，以及菌群难以控制。传统大堆空间大，有利于微生物大量繁殖，会带来堆子的温度迅速升高（微生物大量繁殖会释放热能），温度升高又让微生物繁殖得更快，由此可见堆温与微生物繁殖呈正相关关系。

而小堆空间小，微生物总量没有大堆多，造成堆温难起。温度不够，微生物繁殖速度慢，也就很难发挥激烈的微生物作用。微生物不活跃，就表明小堆发酵是不太成熟的熟茶发酵模型。这就解释了为什么当年试制熟茶时，大堆、小堆都搞过，为什么最终选定大堆发酵的原因——用小堆来发，结果堆温难起，而用大堆来发，温度起得快！

他们开始也没有解决堆温难起的问题。微生物喜欢聚堆，大堆的空间大有助于微生物聚堆。微生物数量聚集到一定程度，就会"相约"一起开启快速繁殖模式，从而让堆温迅速升高，堆温高了更有利于微生物大量繁殖。由此可见，堆温不够的问题表面上是堆大堆小，其实是发酵初始的微生物菌群没有聚集到足够的数量。找到了问题的关键，就可以在小堆中为微生物营造大量聚集的环境。有了这个良好的环境，微生物聚集到一定数量，就会大量繁殖。繁殖过程中，微生物会产生热量，从而让堆温迅速上升。

堆温问题解决了，微生物能大量繁殖。接下来还要解决控制菌群的问题。湿仓就是菌群控制得不太好，传统的大堆发酵较好地解决了菌群控制问题，所以成为经典的熟茶发酵模型。控制菌群的核心要点，就是让益生菌大量繁殖，而尽量减少杂菌与腐败菌，这样就能获得高品质的既健康又好喝的熟茶。

巅茶作为小堆发酵的早期探索者与代表企业，从玩家开始，到建立科技型的规范茶企，通过十多年如一日的努力，不但解决了堆温问题，还实验出独创的控制菌群技术——半有氧发酵技术。其发酵出来的竹筐小堆熟茶，在某些方面，品质已经超越了传统大堆熟茶，代表了未来高端熟茶的一个发展方向。

卢志明认为，天脉技术发酵熟茶的最大特点是只有茶香，没有发酵味，茶叶喝起来非常"甘、活"。这要归功于竹筐发酵所营造的独特的半有氧发酵模型。竹筐发酵在机理上为半有氧参与自然条件下产生发酵，作用的指向性表现为：部分茶氨酸得以保持，多酚类适度降解，分子适度裂解（因减少了腐败类菌群参与），那么最终的出品表现为"甘、活"，大大提高了品饮与健康的价值，所以这一发酵技艺，在熟茶的制作史上是一种突破性的提升，因无法起到过去地面发酵的"掩瑕"作用，故原料的优越性尤为重要！巅茶"天脉 TEM 技术"做出来的茶，能够保留古树茶的滋味和内质，而且做出来的熟茶用的是经检测过无污染的天然山泉水进行发酵，清洁度、醇净度更高。

随着"半有氧发酵技术"的出现，小堆发酵熟茶的品质得到大幅度提升，这意味着熟茶发酵取得了革命性的突破。

供图 / 巅茶

　　2018 年，小堆熟茶具备了大规模商业化推广应用的基础。巅茶打算在 2018 年向业界系统性公布竹筐发酵技术研发成果，以展示健康、卫生、环保、益生菌等多样性的人体健康价值取向，并放开技术平台，邀请有缘的各路朋友共同做大做强小堆熟茶产业。让其从神秘的幕后走向前台，由玩家品牌向产业化的规模品牌挺进，巅茶将围绕"天脉 TME 技术"这个核心，打造全产业链服务平台，以共享经济的形式与各路有缘朋友一起，做大做强小堆熟茶产业。

熟茶，未来镜像的穿越者

王娅然 \ 文

  普洱熟茶的魅力，在于发酵带来的神奇变化，以及经得起时光流转的岁月风味，这是一种人工技艺与自然滋养最令人着迷的结合。一款好茶，无论生熟，也一定具备了这两个基本的条件，特别是那些经过了时空荏苒的老茶，其价值更是毋庸置疑。

  对制茶人来说，工艺与时间这两个核心，是最大的考验，不仅考验茶人对工艺的把握与钻研，更考验一个制茶人对茶本身的理解以及贯穿其中的理念及精神，亦要能沉下浮躁，用耐心去等待一款茶品的"出世"。在如今追求快节奏、高效率的时代，能真正做到的人却实属不多。

  所以当我们遇到韩国茶人金容纹，和他借鉴中国传统普洱茶制作工艺发酵的风味优厚的熟茶时，都会由衷感叹一位韩国茶人对制作中国云南的普洱茶之用心，惊叹其制茶理念对传统工艺的尊重、对自然和时间的敬畏以及对每一片原料的认真呵护。喝金容纹制的

茶，能感受到其中凝结着的由时间所带来的不可模仿的味道，风格鲜明，温润纯净。品其茶亦似观其心，一个茶人的思考、理念，和一直追求的埋想，都会在他的茶品中点滴呈现。

一片树叶的遥远牵挂

金容纹与茶结缘起始于 20 世纪 80 年代。那时，中韩还未建交。他的伯父是韩国的一位官员，在非正式的交往中会收到来自中国的礼物，其中就有普洱老茶。伯父常带茶到金容纹家喝，说这款茶已经有七八十岁的年龄了，年轻人要认真对待，年轻的金容纹满是好奇。虽然当时并不了解普洱茶是什么，但七八十岁年龄的暗喻，那柔和红亮的汤色，以及喝完后带来的温润体感，给他留下了深刻的印象，也就此在他的心里种下了一颗种子。

直至 80 年代末，金容纹身边的朋友开始偶尔从香港带回普洱老茶，当时普洱茶在韩国逐渐有了影响力。普洱茶被韩国人接受，与韩国人的饮茶习惯密不可分，在韩国饮茶最忌寒凉，即使常见的绿茶、黄茶等都不主张饮用新制茶，需要经过时间"祛寒"后才宜饮用。因为韩国本地产的绿茶日益昂贵，且不如从前那般天然，许多人转而去喝半发酵的乌龙茶，1992 年中韩建交后，普洱茶越来越多地走进韩国茶人的圈子，也愈发流行了起来。

从 1989 年开始，金容纹开启了周游世界的历程，抱着一颗爱茶的心，他走过印度的大吉岭，到斯里兰卡、泰国、缅甸、老挝、越南，最后再到中国的福建、四川，又来到云南，来到普洱茶生长的地方，寻找心中的魂牵梦萦的野生古茶树。逐渐对普洱茶痴迷起来的他，人生也从此与普洱茶紧密联系在了一起。金容纹在韩国修禅宗，茶也与他的生活理念不谋而合，纯净、自然、健康、欢喜，就是他心目中理想的生活方式。

1996 年，金容纹曾想大批量收藏出口普洱茶，但因当时的体制原因没有成功。一直到 2003 年，金容纹决定定居昆明，开始考察澜沧江中下游的普洱茶区、古茶山和古茶园。在这期间，金容纹也从一个想做茶贸易的人，转变为一个制茶人。因为心中那颗被号级老茶种下的种子，也一直牵引着他寻找那抹老茶的韵味。当他看到云南

供图/智默堂

拥有如此丰富的原料资源，工艺却因历史断代而参差不齐，难以找到当年印象中的老茶韵味时，他决定自己来尝试探索普洱茶传统制作工艺的秘密。

即便熟茶，在时间面前也没有捷径可走

2007 年，金容纹在昆明创立了智默堂，开始对收集来的两千多个茶样进行分级、实验，目标只有一个：希望通过科技手段，让新茶具备当年喝过的号级老茶的味道。为了这个目标，学历史出身的金容纹似乎更懂得如何从过去寻找收获，他阅读了许多制茶经典典籍，又在游历茶山时寻访熟悉传统制茶的老手艺人向他们讨教。刚开始，金容纹也想走捷径，他认为借鉴传统制茶工艺的精髓，再利用现代发达的发酵食品工艺，可以复制并缩短茶叶发酵陈化的时间，加速茶叶原材料的变化。

从 2007 年到 2011 年，他购置设备仪器，与韩国食品发酵专家以及云南当地研究机构一起进行发酵实验，尝试过许多种方法，但都以失败告终。这些失败的经验给

他上了最重要的一课，那就是时间的味道是无法模仿和速成的，在历经千百年后留存下来的古人智慧和自然节奏面前，没有捷径可以走。

在金容纹刚开始接触普洱茶时，其实并没有生茶与熟茶的概念，普洱茶的价值，更多体现在经过时间陈化和转变的老茶上，那是最令金容纹着迷的地方。最开始，金容纹并不喜欢熟茶，一是认为许多熟茶的用料不够优质，无法体现山头原料的个性；二是许多熟茶发酵环境不够卫生。但随着他对茶理解的日益加深，他慢慢对熟茶转变了看法。他认为，经过发酵的好熟茶应该是未来老茶的镜像，就像一个穿越者，能在一定程度上看到一饼生茶历经时间慢慢陈化后的样子，所以熟茶也可以被重新定义。

以尊重打破熟茶的边界

因为对人的一生和茶的一生的思考，令金容纹坚定了要研制出好熟茶的想法。经过无数次的发酵试验，2014 年，智默堂的第一批熟茶产品正式面世，但与熟茶市场惯例不同的是，他选用高级别的古树纯料来研制。这是金容纹第一次打破熟茶的边界。

这样的用料原则在一定程度上突破了因许多普洱熟茶用料不优质而导致的对熟茶不好的印象，而对金容纹来说，如此用料的最大动因在于，它会成为一批带着未来老茶"基因"的古树纯料熟茶，通过它们实现未来穿越，提前感受到一批茶料80％的未来，让更多普洱茶爱好者在有生之年品尝到一饼好茶几十年后的极致之味。

"我们的一生不过百年，一饼茶等它陈化七八十年，我们有几个人有机会喝呢？所以做熟茶的意义在于，我们可以提前感受七八十年的茶的未来和轮廓，虽然无法提前时间之味。"金容纹说。

供图/智默堂

　　金容纹早年看过许多普洱茶的制作工艺，只求速率和产量，他认为，这样的做法没有好好对待这些在云南优越的自然环境中生长了千百年的茶树，这些生命在人的浮躁面前失去了自我，失去姓名。这对于金容纹来说，是件极其可惜的事。"一棵足够大的茶树，每一株都有自己的性格特征，有些清高，有些孤独，有些喜悦，有些活泼，和人一样。我们应该恭敬地还原这些古茶树被时间和自然滋养出的真味，不要人工增减什么，这可能是自然能给我们的最好的礼物。"金容纹说。基于此，金容纹花了很多的精力对熟茶制作的工艺过程进行研究，他想让一款熟茶达到极致，不再平庸，不再没有识别度，保留它的个性特征、赋予它活性、让人能提前领略到带着山头地域特征的时间之味。

小堆离地慢发酵熟茶的诞生

　　厘清了产品之上的世界观，剩下的就是技术问题。经过不断的实验和探索，金容纹最终创新性地提出了智默堂独具一格的熟茶制作工艺——小堆离地慢发酵。这套工艺在卫生、活性和极佳的原料山韵还原性方面，都打破了公众对普洱熟茶的一贯印象，这是金容纹第二次打破熟茶的边界。

　　金容纹提出的小堆离地慢发酵，每一个堆子所用的原料量都不多，但用料却需纯正；"离地"则要求所有的发酵过程全程不落地，这是为了保证熟茶产品的绝对卫生；"慢发酵"，是因为小堆的发酵速率相比大堆都比较慢，温度和湿度也相对较低，所以发酵所需的时间也相对较长。

　　智默堂的熟茶至少要经过 180 天的发酵，最长的甚至需要两年。这就如同"小火慢炖"，要用时间来积累发酵的程度。在漫长的发酵时间里，金容纹还要时时监测基础数据，并根据每天的天气变化以及发酵程度，适时进行翻堆或拿出来"阴晾"，这对人工经验的要求很高，要能够预判发酵的趋势，对发酵的整个过程有自己的理解，再加上一点天赋，才能做出金容纹理想中的普洱熟茶。

　　从商业的角度来说，"唯快不破"是许多人追随的真理，但金容纹却偏偏更相信尊重自然和时间的价值。所以，小堆离地慢发酵工艺先天具备三大优点。

　　其一，清洁安全。茶品即食品，干净和安全是最基础的原则。从成品来看，小堆离地慢发酵在最大程度上保证了熟茶的纯净度，再无须担心熟茶容易不纯净、不卫生的问题。

其二，保留山头风味。借鉴传统工艺的小堆离地慢发酵，需要更多的时间、人力和经验，但避免了大堆发酵容易扼杀茶料个性的缺点，最大限度地保留了古树纯料的地域个性风味，打破了常规熟茶个性模糊、"无名无姓"，缺乏品鉴风味和可玩性的惯例。就风味个性和纯净度来说，小堆离地慢发酵优势非常明显，也是其核心优势。

其三，留存陈化潜力。通常，熟茶由于工艺的初衷，就是希望通过人工快速发酵，提前实现普洱老茶的味型和保健功能。而慢发酵减缓了茶叶内含物质的消耗，在发酵的同时还能保证茶叶的活性，让熟茶也颠覆性地具备了良好的后陈化潜力。

高晓松曾说，真正的腕儿，心中有行业，心中有江湖。金容纹在熟茶领域的两次破界，高端古树原料的采用为普洱熟茶打开了一个新的空间，我们可以期待在金容纹的熟茶谱系里，倚邦古熟、易武古熟、蛮砖古熟、昔归古熟、冰岛古熟……甚至名山单株古熟将给爱茶人和行业带来的多种可能性，而小堆离地慢发酵亦为普洱茶行业打开了工艺创新的一扇窗。这是金容纹对于普洱茶行业在品类和工艺上的思考和践行，也是新一代制茶人的精神传承，令人动容。

摄影/谭春

熟茶的庄园密语

段兆顺／文

坐在景迈山柏联普洱茶庄园宽敞明亮的品鉴中心，手里端着一杯庄园养心级的温润，透过玻璃幕墙看着茶园上空的云舒云卷，是一种最为美妙的享受。彼时，茶温刚好。轻抿一口，一段关于熟茶的时光缓缓开启。

好品质源自"三好"

每个人的心中都有一个庄园梦。如果现实离梦想太远，至少可以到景迈山下的柏联普洱茶庄园，这座国内最具调性的庄园里，于现实中感受一下梦想中的美妙。

虽然不是老牌的普洱茶企业，但有被收购前国营惠民茶厂近50年历史做底蕴，再加上庄园的理念和模式，柏联普洱茶庄园自创办以来，凭借出色的产品品质，征服了不少消费者的味蕾，赢得了不

少高端消费群体的青睐。特别是养心级熟茶，不仅是庄园级宫廷普洱的典范之作，而且其馥郁的枣香，香浓爽滑的滋味，更让喝过的人念念不忘。

如此出众的品质表现，来自柏联对品质的高标准和严要求。自称是"老外地"的邱湘衡，是云南柏联普洱茶庄园有限公司常务副总经理。2007 年就来到惠民开始筹建柏联普洱茶庄园的他，对庄园的发展历程了如指掌。

他介绍说，一款好茶，必须是一个"三好学生"，即：原料好、工艺好、仓储好。

柏联普洱原料基地，一是来自庄园自有的 11000 亩有机生态茶园，二是来自景迈山 28000 亩古树茶园，确保了柏联普洱原料"好"的基础。

柏联普洱的工艺，严格按照普洱茶的传统工艺，并在实践中科学地进行创新，确保了柏联普洱 "好"的关键。

柏联普洱的仓储，给普洱茶良好的原产地储藏环境，给柏联普洱提供了"好"的保障。

2008 年 7 月，借鉴了法国葡萄酒庄园理念和模式的柏联普洱茶庄园，出现在景迈山这块被茶界人士所瞩目的土地上。这是国内第一座茶庄园，不只是外在形式和几个时髦词汇，还将民族文化、普洱茶文化与生态文化有机地结合在了一起，是集茶叶种植、加工、仓储、旅游和文化为一体的茶庄园，实现了从茶园到茶杯的标准化，为普洱茶注入崭新的理念。

独创的枣香味熟茶

2008 年，柏联就开始了熟茶发酵生产。为了发酵好熟茶，柏联聘请普洱市知名的熟茶发酵专家李美瑛老师担任熟茶发酵的技术顾问。现在，李美瑛的关门弟子桂明祥担任着柏联茶庄园的技术副总监，专门负责熟茶的发酵。

众所周知，生茶要呈现出红艳的颜色，可能需要几十年的时间；熟茶经过人工渥堆发酵技术，可以快速实现汤色转化和口感醇化。熟茶在后期陈化过程中，也会出现木香、荷香、枣香、参香、药香等香气，但都需要时间的陈化才能实现。

不过，刚发酵出来的熟茶，总会有比较明显的堆味，使得刚发出不久的熟茶很不好喝，许多消费者也很难接受堆味。要让堆味散去需要较长的时间，所以近年来在熟

茶发酵方面，小筐发酵、离地发酵等创新型技术不断出现。

柏联也在熟茶的发酵工艺上进行了一些创新，针对如何快速去除堆味的问题在工艺上进行了调整。通过多年来的精雕细琢和工艺创新，柏联的熟茶品质越来越高，并已经形成了特有的风格。邱湘衡有些自豪地说："通过对熟茶工艺的部分创新和改进，柏联现在的熟茶所具有的口感和滋味，可以骄傲地说就是澜沧味、景迈味、柏联味。"

柏联熟茶产品中有一款被命名为"养心"的熟茶，甄选经过 5 年窖藏的景迈山优质原料进行发酵，除了在工艺上进行创新外，发酵好后的原料还要在茶窖中静置一到两年，足以称得上是庄园级的宫廷普洱典范制作，喝起来枣香馥郁，滋味香浓爽滑，内含丰富，颇具内敛而高贵的气质。

给茶提供一个舒适的空间

普洱茶的越陈越香，需要漫长的时间陈化来实现。受到酒窖的启发，结合普洱茶

摄影 / 段兆顺

摄影 / 段兆顺

柏联普洱茶庄园茶窖。

后发酵特性，2008年柏联普洱茶庄园开始与微生物专家陈杰展开原产地茶窖的研究，充分利用和发挥原产地微生物菌群优势，逐步研发出了一整套普洱茶后发酵技术和工艺流程，形成了一种新的普洱茶后陈化模式，同时诞生了一个新的专业名词——茶窖。

走进茶窖的那一刻，时光的流速仿佛变得更为舒缓。密封的茶窖内灯光昏暗，四周的墙上布满了菌斑，就像古茶树上生长着的菌斑一样，窖藏在里面的普洱茶似乎在沉睡，却又在沉睡中快速地转化着，散发出令人心醉的香气……每一个步入其中的人，仿佛都与茶一起在漫长的时光中穿行。

茶窖不是一个简单的密闭仓库，而是根据普洱茶后发酵"递级向上"的需求建构起来的一整套工艺流程。依据这套流程，最终形成了茶窖的四个环节，也即四大区域，分别是聚量反应区、专业发酵区、酶促发酵区和还原区。

"后陈化其实就是大分子向小分子转化的过程，这个过程就是微生物参与作用。柏联原产地茶窖，就是对普洱茶各个转化阶段进行科学管控，经过原产地的土壤、气候和特殊的微生物菌群建立起一个特殊环境的作用。"柏联茶窖管理员介绍说，优异的茶品、科学的管控，是柏联普洱茶庄园对茶窖的表述。

带着我们参观茶窖的管理员，边走边介绍说，现在已经建成的一期、二期茶窖，不是原产地仓储的简单升级，也不是普通茶窖的简单重复，而是更多偏重现代生物技术的借鉴与使用。并在这个基础上，创造多种普洱茶后发酵的专有技术，如发酵用水的生物处理方法、专属窖泥的制备与应用方法、送氧与排风的技术方法、微生物参与发酵的温度与湿度控制方法、酶促发酵阶段的温度与湿度的控制方法、发酵过程中应检测的项目与理化指标的设定、微生物杂菌（非有益菌）识别与灭除方法等等。可以说，茶窖是普洱茶后发酵技术从传统经验层面上升到科学层面的有益探索。

原产地窖藏是对庄园功能的有益补充。通过茶窖的建设，柏联普洱茶庄园构建起了茶园、制茶坊、茶窖三位一体的庄园体系，在很大程度上凸显了普洱茶一山一味的特征，更给柏联出品的普洱茶打上了深深的庄园印记。

曼岗石生，发掘小产区熟茶

王娅然 / 文

    陆羽在《茶经》中曾写道："上者，生烂石"。即越是品质上乘的茶叶，越是生长在岩石缝隙之间。在云南，有一个特殊的普洱茶小产区，它位于临沧市邦东乡曼岗村，"曼岗"在当地少数民族的语言中，意为"石头上的寨子"，这里不仅有几百年以上的古茶树，最特别的是，曼岗的茶树下都是岩石，古茶树仿佛是从岩石中蹦出来的一样。在这个特别的原料产区，智德鸿昌探索出了一种独特的茶品——石生古树普洱茶，它们能够获得市场的认可，离不开其创始人张广义在研究特殊产区原料、因地制宜改进工艺、严格把控生产细节等方面所做的努力，他们也对小产区熟茶作出了有益的探索，开发出熟茶产品更多的可能性。

初识熟茶 遇见曼岗

　　早在 1999 年，张广义就已经认识了熟茶，只是在那个年代，云南地区喝熟茶还不是主流。在 2000 年到 2001 年，张广义对熟茶产生了兴趣，也有了学习熟茶工艺的想法，便走访了云南许多茶区。在此期间，他头一次拜访了不少熟茶的生产厂家，但是眼中所见留给他的第一印象却不是那么满意。

他看到许多熟茶发酵环境并不理想，有的并没有进行离地发酵，对于环境纯净程度的控制也不足，发酵时使用的水质标准也并不统一，这很有可能导致最后熟茶产品品质不一。从那时开始，张广义就决定，以后自己做熟茶，卫生条件和食品安全一定要制定出一个自己的标准，保证自己所做的熟茶品质稳定，也能让人放心。

在走访中，张广义也发现，水分洒进发酵池，会积攒在池底，在底层与茶叶长时间接触，会产生让人品饮时不愉悦的堆味，一翻堆，味道也随之被翻起，影响茶品最后呈现的口感。在工艺流程上如何进行改进避免产生堆味，也成了张广义心里需要解决的问题。

带着这些问题，张广义去请教了不少经验丰富的熟茶制茶师，除了寻找问题的答案、学习传统的熟茶发酵工艺外，他也有了新的思考。有早已"身经百战"的熟茶老师傅告诉他，制作熟茶，有一些产品的原料可以不一定要选择古树茶，也不需要完全使用春茶，这固然有一定的道理，但这样似乎已经通行许久的方法却容易让人对熟茶产生负面的印象，认为不好的原料才拿去制作熟茶。张广义也

萌生了想突破这一观念的想法，比如是否可以改善熟茶原料的选择，若选用古树茶或者全部使用春茶来进行发酵制作熟茶，会不会产生让人惊喜的结果等。这些经历与思考就像种子一样种在了张广义心里，驱使着他不断去探寻满意的解答。

同时，张广义也在各个产区奔走，想首先寻找到最好的茶叶原料，在一次去往临沧昔归茶区的路上，张广义路过曼岗村，见到了大片生长在岩石中的古茶树，大为惊喜。"上者，生烂石"，越是品质上乘的茶叶，越是生长在岩石缝隙之间。在对曼岗进行更深入的考察之后，发现曼岗茶区还并不为大多数人所知，而石生古树茶的原料品质确实十分优越，张广义就此锁定了曼岗，将曼岗作为智德鸿昌的主要发展起点和基地。

有了曼岗这一明确的原料，张广义也定下了想做出优质的石生古树普洱茶的目标，特别在熟茶工艺方面，如何针对曼岗原料的特性，找到最能发挥其品质特点又能保证卫生安全的方法，张广义就此开启了三年多的探索实验。

不断探索 不断实验

2011 年左右，张广义已经在筹备建立智德鸿昌，智德鸿昌当时给自己的定位也只是一个小茶企，无法像资金雄厚的大茶企有能力大面积建厂并引进先进设备，或有实力进行科研级别的原料分析和产品研发，更多的还是要依靠自己的经验和多次的尝试。

首先是选定熟茶发酵的地点。从节约成本和生产效率的角度上来说，在产区旁进行发酵是最好的选择。但张广义经过一番考察和试验发现，临沧邦东曼岗地处山坡，海拔较高，处于雪山峡谷地带，昼夜温差大，不利于熟茶发酵过程中内含物质及茶叶因子的结合、熟成，所以最后决定将智德鸿昌熟茶的发酵地点选定在了勐海。

由于曾经目睹过标准不一的熟茶制作卫生环境，张广义在建厂之初首先要解决的就是这个问题。为了远离一楼地面复杂的卫生环境，张广义把发酵车间建在了房顶；又担心会有杂物通过窗户进来，车间都采用了双层纱窗；场地中都使用天然木质材料做离地发酵的设施；也仔细进行了渗水处理，避免发酵用水堆积在发酵场地的底部，形成不好的堆味。

虽然顾及到了环境的卫生，但也使得茶厂的发酵环境与传统工艺相比有了略微的改变，导致张广义最初的几次发酵实验遇到了各种各样的问题。比如因为离地发酵，导致发酵温度低，达不到发酵标准，或者渗水很快，导致湿度又不够，随后他们又尝试

过密闭空间发酵，又发现普洱熟茶是一种耗氧型发酵，密闭的方式也是行不通的，只好进行加温、加湿方面的改善，但掌握不好量度又导致了烧茶现象，前前后后经过了多次的尝试，每次发酵实验都昼夜不停地观察，才最终摸索到了一套适合自己的做法。

在对原料的探索上，张广义也付出了许多的时间精力，他认为了解原料特性是最重要的，精细的原料选择，才会成就一款好茶。张广义对曼岗的气候环境、土质和岩石成分进行了检测，这也直接影响到茶树的内含成分特点和风味走向，在获悉了原料特性之后，他又将曼岗古树和中小树种的原料进行发酵实验，用科学化的数据指导工艺研发实验，很快发现不同树种产生的发酵菌群、发酵所需要的时间和最后产生的香气都是不一样的，古树发酵时间较长，中小树种熟化得较快。他也尝试过用春茶和夏秋茶分别发酵进行对比，发现夏秋茶确实最后呈现的品质稍弱。同时张广义也发现，在毛料初制的时候，在晒棚里晒干的毛料相比于在太阳下直射的毛料，不仅发酵速率低，最后形成的香气也不扬。

另外，普洱茶的价值核心在于越陈越香，历经时间品质应该越来越好，经过长时间的观察，张广义也对熟茶发酵不同的熟度进行对比实验，发现发酵不能太熟，否则就不利于保持叶底活性和后期的转化。

三年磨砺 成就石生古树普洱熟茶

张广义诸如此类的试错和探究持续了 3 年时间，2014 年，智德鸿昌推出了第一款古树熟茶产品鸿韵 001，又在持续的生产之中，不断发现问题，再调整工艺，一直到 2019 年前后，形成了一套可控且稳定的熟茶生产工艺流程。

在选择原料的首要环节，智德鸿昌的古树熟茶产品用料都不向外采购，使用的是从种植阶段就严格管护的基地所产原料，所有的毛茶原料都采用阳光直射进行晒青制作，最重要的是，晒青毛茶制成后，要进行精细拣选后，才拿去发酵。这是因为张广义在实验中发现，不同级别或年份的原料，要在发酵前进行选择或组合后一起进行发酵，最后的成品才能达到发酵程度和口感等各方面比较统一的理想效果。智德鸿昌的发酵一般持续在 55~60 天，为了有利于后期滋味的优质转化，发酵程度也控制在五成半到六成熟。在最后阶段，也采取自然摊凉干燥，用传统方式还原石生古树熟茶的最天然滋味，而不通过其他方式人为地改变或增添其他的风味。

通过成熟工艺制成的智德鸿昌熟茶产品，新制茶喝来不燥，三年内可以达到最佳品饮期，最大的特点首先是洁净，泡茶可以无需使用滤网，汤色清亮，滋味方面甜度很足，厚度更好，滑度舒适，而且十分耐泡，整体品饮下来，物质感很丰富，香气也很特别，有一种石生古树茶特有的曼岗韵，冲泡到后期香气变幻无穷，能感受到不同程度的糯香、樟香等。

　　深入了解原料，对其进行由内到外的科学分析，从源头开始亲身实验每一个工艺细节，形成成熟方案并严格把控生产的各个环节，并不断总结改善，最后形成一套最适合自己的工艺方法。这些道理其实并不复杂，但张广义和智德鸿昌就是这样身体力行，靠自己踏实做好每一步，最后成功打造出了小产区精品熟茶产品。未来，张广义认为在熟茶工艺方面还有很大的提升空间，借鉴老茶制作的工艺特点，并与科学化的发酵菌种分析进行结合，将是未来的趋势之一，也更有利于企业开发出更具代表性的优质熟茶产品。他也十分看好熟茶的前景，认为今后，品饮优质熟茶的市场需求还会加大，熟茶也会迎来更大的市场。

味成 "七三" 鸿渐于 "熟"

刘谋 / 文

　　人们对普洱茶的认知，多是从它的健康功效开始。尤其是熟茶，它是许多普洱茶友的第一印象茶品，也是走进普洱千百名山的第一道阶梯。就算是来自铁观音胜地的安溪人，若说奉茶为终身事业，那么回归自身优势，主打铁观音的招牌，往往也顺理成章。然而，鸿中鸿创始人刘泽伟却是 "弯道超车"，一路执着地选择普洱茶走到如今，乍看是舍弃了自己的优势。由于出生于福建安溪的制茶世家，在普洱茶还属于小圈子消费时代，刘泽伟就开始对它表现出持续的热情。由此个人的事业也随着国内普洱茶市场的发展轨迹，几经起落，几番波折而初心未悔。

走在上升期的熟茶

20 世纪 90 年代，以王曼源、白水清为代表的福建茶商们利用和台湾市场接洽的先天优势，为填补台湾地区普洱茶市场空缺，寻茶的足迹深入香港，遍至云南广大茶区，对于普洱茶的发展，在客观上有着极为重要的助推作用。他们最终都选择普洱茶作为自己的终身事业，而不是铁观音。在这样的背景之下，刘泽伟始创鸿中鸿品牌，专注于普洱茶，并非出于偶然。从生意上来说，首先考虑的必然是市场需求，而那时候香港地区基本上形成了较为成熟的普洱茶市场，福建茶人较早把目光投向普洱，可说十分敏锐。当时香港地区饮用的普洱茶多是经过仓储陈化的陈年普洱，随着 20 世纪 70 年代熟茶的创制，普洱茶的整个产业链开始发生转变，内地越来越多的普洱茶企业开始大量投产熟茶。不过，这时候的熟茶大多是为完成生产计划，或只是出于企业产品配套，作为补足市场空缺之用，其

健康价值还远远未能充分凸显。那时候，熟茶本身的投入成本、原料损耗，生产周期，都制约了致力于开发熟茶产品的小微企业。

直到 2015 年，茶妈妈陈皮普洱一出，使得整个熟茶行业有了质的改观。短短几年间，市面上涌现出品牌各异的陈皮普洱，虽然多属于逐利跟风之作，但由此带来的市场红利不仅使得熟茶借机复兴，且由南而北、由沿海到内陆，刷新了人们对熟茶的认知，人们开始广泛地饮用熟茶。陈皮普洱作为熟茶救市之作，带动了整个熟茶产业链，此后熟茶的消费步入上升时期，出现了南茶北藏、南茶北饮的趋势。

直至 2018 年，熟茶的品质提升成为许多茶人的共识，高端熟茶的需求呈现出新的消费趋势。正是陈皮普洱的兴起，一方面使得饮用熟茶成为共识，一方面极大地消耗了主要的几个大厂牌此前的原料积存。其利好之处主要不在于人们对于柑普茶的推崇，而在于对广义上的熟茶价值的推崇。人们终于认识到，普洱茶除了名山、古树、纯料的极致追求，在熟茶领域也可以在山头、古树、发酵等方面深度玩味。人们对一款熟茶的原料越来越看重，从而熟茶的滋味，也因山头的细分而愈加丰富。更多的熟茶产品呼之欲出，从而为小微熟茶品牌分取一席之地。

市场上对于口粮熟茶的需求，也许此前被大益、下关、中茶、澜沧古茶等老牌企业所主导，他们以自身多年的原料积累、拼配技术，打造出了勐海味、昆明味、澜沧味这样的经典熟茶风格。早期中茶绿印、8592、7581砖；勐海7572、7262、金针白莲等明星产品一度成为熟茶产品之中的标杆，但自2005年以后，熟茶一度出现了长时期的断层，市面上的优质熟茶产品青黄不接。其中比较重要的原因在于人们对于熟茶的健康功效没有充分的意识，熟茶始终卖不起价。

　　对于商家来说，用上等原料发酵熟茶不仅增加了成本，也有不小的风险，从原料、市场、成本、品饮习惯等方面，高端原料和高端熟茶能否价值对等，在当时看来还未可知。市面上虽出现过冰岛、老班章熟茶，不过一是价格高昂，二是名山古树熟茶的接受度并不是很高，很多资深茶客倾向于大厂和拼配产品。但随着近十余年山头茶的异军突起，带动的非止古茶山的山头传奇，客观上也促进了熟茶原料历史性的提升。优质山头的茶叶不仅因其百山百味的山韵，适合制成生茶，而用于制成熟茶，往往也有着令人惊喜的表现。加之业内对于熟茶技术的探索，一方面适应了熟茶市场上高层次的品饮需求，另一方面，促使茶人对于熟茶工艺

的精进。鸿中鸿看准的正是这金字塔尖的部分，刘泽伟认识到近现代熟茶经典产品出现的空缺，已经开始逐步让位于新近崛起的山头熟茶、古树熟茶等高端熟茶市场份额。所以，鸿中鸿的理念便是抢占制高点。

三分天定 好茶靠拼

闽粤一带向为中国美食之乡，鸿中鸿把美食的理念应用于制茶。刘泽伟认为，制茶者扮演了厨师的角色。一席盛宴，食客不可能记住所有菜品，但若有那么一两道顶级菜品能够入味于客人舌尖心上，念念不忘，那就算成功。或者说，在一次宴席之上，客人点名指定自家的产品，那就做到了打响品牌的第一枪。你永远不可能占据市场的全部，但可补足其缺失的一页。有了这样的理念，鸿中鸿上游取水，从源头开始把控。他们立足于云南茶区海拔高、污染轻的地区，主打核心产区，易武七村八寨和班章五寨的优质原料，精心筹备数年，厚积薄发，开发研制高品质熟茶。

他们远赴四川峨眉山农夫山泉水源地取水发酵。经反复比对，多次实践验证，刘泽伟有着自己独到的见解，峨眉山山泉水吸收日照，性属阳，和勐海地下水结合，按照七三工艺，也就是在发酵上前者占七成，后者拼三成，用道家的说法叫做阴阳协调。他们把熟茶工艺比作古代的炼丹术，而事实上，其中的确有共通之处，茶叶渥堆发酵的过程，是一次历练和升华，最终涅槃蝶变。

鸿中鸿制茶工艺考究，没有沿用福建的烘焙工艺，而是坚持柴火杀青，渥堆采取微离地的方式，只采用隔板，离地一公分。一方面，兼顾了地面的湿气、热量等渥堆所必要的物理条件，又规避了地面的不利因素。

在原料上，需陈化 3~5 年，春料占七成、拼入三成比例的

谷花茶。一般认为，春茶内含物质丰富，取其滋味饱满、韵味厚重，秋茶取其香气显扬。采用多菌种发酵，不同原料经单独渥堆后，最终通过拼堆以综合口感。至于发酵轻重，也是七三开，也就是发到七分熟。层层把控，探寻一种平衡：上市即喝的适口性和陈化价值的最大化，这才成就了"金汁""琼浆"这样包容了过去、当下、未来，呈现出时间魅力的高品质产品。"金汁"甜柔细腻，保留了易武茶香扬水柔的山头风味；"琼浆"则苦中有甜，不乏班章茶的厚重悠长。

作为微小企业，鸿中鸿早在 2008 年入行之初，就明确把熟茶列为今后企业产品的主要板块，舍弃了目前市场上山头古树的利好趋势，把主要资金投入到熟茶上来。山头茶的兴起虽然使得普洱生茶的价格出现"一山更比一山高"的态势，但是出于对熟茶趋势的正确估量，更重要的是出于对其健康价值的再认知，刘泽伟果断地把资金投入了在当时还相对冷门的熟茶，这足可说明鸿中鸿做茶的初衷，不完全出于利益驱动，而此举因这些年的"熟茶热"逐步得到了回报。但是，早年发酵的摸索阶段，也损耗了不少的资金、时间成本、老班章这样的高端原料，但在他看来，比起如今自己做出的优质熟茶，这些都是塑造经典产品，树立标杆品牌所必要的、有价值的损耗。

为积极备战熟茶 3.0 时代，鸿中鸿逐年储备了多个名山古树原料，刘泽伟坦言，在今后，还会持续对发酵环境、数量、程度等方面进行新的探索。

他认为，未来普洱茶企业必然会越来越多地认识到熟茶的价值，从而会把资金占比向熟茶的生产线倾斜，而要在未来大健康主导的茶叶市场立定脚跟，主打熟茶的企业更容易壮大和主导市场。熟茶不仅是作为配套产品，做出自己的经典熟茶产品必然是今后企业布局的重点。商人逐利，这乃是生存之本，本来无可厚非，不管是食品还是茶叶，但以人们的切身利益作为事业的风向标，却大有古仁人之风。

在产品布局上，刘泽伟不仅把鸿中鸿做成了大众化的熟茶品牌，同时还打造了"天璞印象"这一熟茶高端品牌。之所以要做高端，他认为其实这不是刻意拔高茶友们品饮熟茶的门槛，反而重在为茶友树立这样的认知：用高品质的熟茶去引导更多的熟茶爱好者。作为茶人，应当不吝用资金成本、时间成本去呵护客户，用高品质去引导客户。而不是趋利而动，简单追随市场风向、盲目诱导消费。我想，这不必是所有茶人的共识，但应是茶业之中对良心品牌当有的认知。

供图／一杯活法·喜悦茶空间

熟茶

新消费

第七章

打破"熟茶靠碰"的魔咒

黄素贞 / 文

　　普洱茶圈子流传着一句话："生茶靠钱，熟茶靠碰。"因为生茶的技术门槛相对较低，只要带上足够的钱，去到心目中最佳的原料产区，亲自督导采摘、生产，总能够获得满意的生茶产品。但是，熟茶就显得复杂得多，首先熟茶的技术门槛相对较高，渥堆发酵的成功不仅取决于原料的品质，发酵师的工艺水准，甚至连发酵用的水、发酵池的地面、发酵场所的小环境等等，每一个环节几乎都能够影响到最终发酵出来的熟茶品质；其次，熟茶占用资金比生茶周期更长，从收茶发酵、拼堆、压制到销售，前后少则几个月多则几年，因为很多熟茶刚发酵出来还会有一定的堆味，一般需要放置一段时间，待堆味散去才能进行拼配、压制；再者，熟茶的发酵过程有 20%~30% 的损耗，有些可能还会更大，而且发酵过程也存在一定风险，哪个环节稍有不慎，很可能整个堆子，数吨甚至数十吨的茶都会作废。

供图/五正熟茶

上述种种因素导致很长一段时间来，许多企业都不愿意拿上好的原料去发酵熟茶，因此市场上的熟茶品质整体不高，熟茶卖不起价，商家更没有动力去提高熟茶的原料档次和发酵水平，从而形成了一种恶性循环。长期以来，市场上品质上乘的，质量稳定的熟茶是可遇而不可求的。从而也导致了很多消费者转而去喝或许还不适合现喝的新生茶，这样的市场现象其实是背离了普洱茶的本质属性的。于是"熟茶靠碰"仿佛成了一个魔咒。

回归消费，从熟茶开始

2014 年是业界公认的继 2007 年普洱崩盘后的又一个低潮，低潮之后是一次新的行业洗牌，企业和商家开始重新思考新的行业增长点。回归消费，回归普洱茶的本质属性成了行业共识。于是我们看到火遍大江南北的柑普茶；我们看到越来越多的企业开始精制熟茶，甚至出现了一些只做熟茶的新企业，如五正熟茶、厨心熟茶等；我们

还看到开始进入适饮期的中期茶，因较高的性价比，也迅速走进了大众消费者的视野。而整个普洱茶行业的宣传导向也从收藏投资转为引导消费，并不断扩展和培养新的消费人群。大家都意识到了，每年新生产数十万吨的普洱茶，必须大部分被消耗掉，行业才能健康成长，更何况还有东莞以及各地藏家、商家仓库里海量的存茶。有业内人士曾大胆预言，就算云南 10 年不生产普洱茶，现存的普洱茶产品都喝不完。这话听来未必夸张，好在"回归消费"的行业共识已经逐渐达成了。

熟茶自诞生起，就是为了消费而存在的，熟茶的价值正体现在被喝掉。即使是柑普，其主要成分也是熟茶，尤其是等级高的熟茶，如宫廷普洱。熟茶的健康功效早已被多方验证过，从最早的 1979 年的"艾米尔医学实验"到之后的众多关于普洱茶的健康功效研究中，所使用的研究对象大多是熟茶，而大多数的研究结论都认为普洱熟茶在降血脂、血糖、血压，治疗代谢综合征，延缓衰老等方面都有一定的辅助作用。

熟茶的功效和优势显而易见，因而熟茶也成了普洱茶行业整体回归消费的突破点。越来越多的企业开始把目光投向熟茶，一方面提升熟茶的原料品质，甚至有企业开始尝试用春茶、古树茶发酵熟茶；另一方面，革新熟茶的发酵工艺，比如大益的"第三代智能发酵技术"，比如巅茶专门针对古树茶发酵的"天脉 TEM 技术"，并获得了

供图/古韵流香

国家级技术专利，都获得了一定范围消费者的认可。这让我们看到了企业愿意用心做好熟茶的决心，而这两年来，市场上优质熟茶的比例也在逐渐上升。

引导正确的普洱茶消费观

2015年，五正熟茶横空出世，成为行业中第一个专注熟茶的品牌。关注五正熟茶，已不是一日两日了，这个小而美的企业，还有点特立独行。当很多茶企都在不断推出新产品寻求商业卖点，刺激消费的时候，五正熟茶却不断收缩产品线，从最初的9款产品，到如今主推的3款产品——柒克、T262、印本纪，每一款都有明确的目标受众：柒克是每包7g独立包装的散茶，针对的是图方便的上班族、公司白领，因为在工艺上控制溶出率，所以号称可以像泡绿茶一样直接冲泡；T262针对大众消费市场；印本纪则针对高端市场。

五正熟茶的董事长周云川，深耕云南茶行业超过15年。走进周云川的工作室，第一眼一定会让一堵被茶样盒占据了的墙所吸引，每个盒子上都用毛笔楷书标注了茶样的年份、茶品名称、提供者和出产厂家。几百个盒子像书一样整齐排列，甚为壮观。而这只是周云川众多茶样中的一部分，在步入茶行业10多年间，他搜集了4000多款茶样，每款茶样都经过了他的专业审评。

几年前，周云川在几个朋友的邀约下，打算做个茶叶实体。经过一轮考察，大家一致认为只有熟茶才具备品牌的基因，因为熟茶的资金门槛和技术门槛都相对较高，很难做好，而一旦做好，就很容易在行业中立于不败之地，而且熟茶主要是以消耗为主，能够让企业良性发展。很快，五正熟茶的团队组建起来了。所谓"五正"即"原料正、工艺正、香气正、滋味正、口感正"。当笔者问及五正熟茶在发酵上有何创新和特色时，周云川回答："我们反而是回到最传统的工艺上。"即他所谓的"正做熟茶"。

正做熟茶，第一，是让熟茶脱离大宗茶的范畴，完全按照名优茶的标准去选料、生产和销售。第二，确定优质普洱茶的三大核心要素：特定地域＋优良品种＋正确工艺。第三，选择优质的参照物。

优质普洱茶 = 特定地域 + 优良品种 + 正确工艺

原料正，指的是选取特定区域适制普洱茶的优良品种，春、秋两季采摘，严格控制单株出芽率，低频率采摘，使其品质上乘。五正熟茶也是首个在宣传中反复强调普洱茶原料品种的企业。"橘生淮南则为橘，生于淮北则为枳，叶徒相似，其实味不同。"已知云南澜沧江中下游具有超过 200 个茶树品种，虽然绝大多数为大叶种乔木，但细分之下，其品种不一样，香气滋味口感也不一样，适制性也不同，有的品种适合做红茶，有的品种适合做绿茶，有的品种适合做普洱茶，而有的品种做什么茶都不合适。因此，选择适制普洱茶的优良品种，让它生长在合适的环境中，才能产出优异的普洱茶原料。这是一个简单的基本逻辑，很多人却并不清楚。

为了帮助大众消费者树立品种的概念，五正熟茶在公司总部七子大院，建立了"云南普洱茶品种科学馆"，展示云南各个茶区的茶树品种资源，收录普洱茶名优品种 200 余个，以图文的形式从品种外观、分布、特点、适制性等方面全面展示。

工艺正，强调的是回归传统的普洱茶制作工艺，尤其是 2003 年以前的制茶工艺。五正熟茶的宣传杂志《七子茶讯》翻开第一页的《七子宣言》上写道："我们深知，普洱茶的核心价值是越陈越浓越香！我们理解，那些为了提高新茶适口性而引入非普洱茶工艺的行为。但，鱼与熊掌，不可兼得！因此，我们拒绝萎凋，拒绝低温长炒，拒绝渥黄，拒绝摇青……拒绝一切导致茶青产生前发酵的非普洱茶工艺用于普洱茶生产！所有致力于实现普洱茶核心价值的企业，联合起来，我们共同遵循国家标准，让普洱茶回归正道，坚守越陈越浓越香的核心价值！"这个"宣言"体现的同样是最简单的逻辑，回到改制前的传统的工艺，因为那个时候做的茶，到现在已经被证实是越陈越浓越香的。

喝懂熟茶的进阶之路：从香气、滋味到口感

"我们一直想用产品告诉消费者，什么是好的熟茶，并建立起好熟茶的标准，也就是香气正、滋味正、口感正"周云川说。很多人喝茶，最初关注的都是香气，芬芳的茉莉花茶、兰香四溢的铁观音，即使是从不喝茶的人也能很快接受。但是，普洱茶

并不是以香气见长的茶类，普洱茶的香气是另一种风格的香，包括了地域香、品种香、时间香和工艺香四种，地域香和品种香保证了普洱茶的风格特征，而时间香展现了普洱茶的魅力，工艺香却最不应该出现在普洱茶中，因为它会抹杀普洱茶陈化的时间香。优质的普洱熟茶，没异杂味，茶香内敛、纯净、优雅而不张扬，甚至连所谓的"焦糖香"都不是传统工艺的熟茶应该有的香气。

茶香属于嗅觉的范畴，而滋味属于味觉的范畴。优质的普洱熟茶，滋味纯正不分离，浓强饱满，包裹成团，久浸不苦，层次丰富，喉韵凸显，回甘好，而且较为持久。

喝懂普洱茶的最高境界，是追求口感，比如燕窝、鱼翅、花胶等高档食物，吃的就是口感。优质的普洱熟茶，茶汤黏稠，有如米汤水一般，醇厚顺滑，汤水融合，不挂舌不锁喉，饮若吞珠，口腔生津没有燥感，饮之如舌底鸣泉等等。

香气、滋味、口感三方面表现俱佳的，就是一款标准的好熟茶，这样的"标准"其实并不是人为建立的，而是人类感觉器官反映出的共通的愉悦感。每一位普洱茶爱好者，只要喝到了真正好的普洱熟茶，就很容易形成强烈的味觉记忆，在以后的品

摄影／黄素贞

发酵 茶 FERMENTED TEA
一片茶叶的蝶变与升华

饮过程中，凭借记忆和感官就能辨别出熟茶优劣来。其实，喝懂熟茶很简单，只要喝到从原料品种到工艺都"正"的标准好茶，将其作为标杆，从香气、滋味、口感三方面来做综合对比，提升品鉴水平指日可待。

只要把好的产品做出来，消费者自然会认可，市场也会认可，即便同行业的竞争者也会认可，这是五正熟茶的姿态。五正熟茶的每一款产品都是直奔消费而去，在短短的时间内赢得了许多中高端消费者甚至是年轻消费者的青

摄影/王帮旭

睐。"五正"亦是一种准则，最初是对自身产品质量的严格把控，进而成为一种熟茶的行业标杆。在未来，五正熟茶会持续加大投入，包括产品体系的规范、标准仓储的建设、363普洱茶评审法的推广，以及不断的渠道优化。

当有一天普洱茶做到不标榜故事，而是以质量定价格，那这个行业就会步入正向发展，从而逐步建立起健康良性的市场生态。我们也看到越来越多的企业致力于提升熟茶品质，改变消费者对熟茶的不良刻板印象，而"五正熟茶"算是其中的典型代表吧。因为大家已经意识到，一个新的，以消费为主导，以熟茶为重点的市场格局正在形成，而"熟茶靠碰"的魔咒也正在被悄然打破。

"活、滑、厚"熟茶的个性

李扬 / 文

通俗的茶叶审美表达，就是对一款茶进行感官上的优点描述。任何一种茶都具备色香味形上的各种优点，比如香、甜、干净等甚至是所有好茶通有的。但要针对某一种茶类谈品鉴，就需要把讨论的重点放在这个茶类的特异性上。因为特异性才真正决定了某类茶甚至某种文化存在的价值。熟茶的特异性是什么呢？我总结了三个字"活""厚""滑"。

活

"活"是什么呢？"活"就是一种活力，活力四射的活力，有生命，让人觉得茶跟人有互动。不能在瞬间的切面去体验茶汤的"活"，一定要给"活"这种感受留足时间。只有在时间线上，才能发生变化，观察变化，有变化才是"活"。

　　"活"对于普洱茶的意义非常大，是普洱茶品质核心中的核心。短时段内，口腔中延续的回甘生津清凉感是"活"；长时段内，普洱茶的越陈越香越醇厚也是"活"。正是因为"活"延展出了越陈越香越醇厚的特色，才使得普洱茶成了独树一帜的茶。

　　"活"在品鉴中的表现是什么？是一种余韵，持续的回甘、生津、清凉。当茶汤喝下去以后，还要过一阵，才能完整地感受到一整段的余韵。

　　"活"的微观本质：造成"活"的这一类物质叫糖苷，它的结构决定了它的特性。

　　茶叶中的糖苷大多是一个简单糖跟一个有机酸的脂合结构。

　　具有这个结构的物质会发生吸热水解反应，还原成一个糖和一个有机酸。

示意图中就是最简单的糖苷，是左边的葡萄糖和右边的没食子酸缩合而成。

　　糖苷 + 水 + 热量 = 糖 + 有机酸

　　整个过程如果发生在口腔里，人就会有不同感觉，如在反应吸热时觉得有清凉感，产生糖之后觉得有回甘（注意，甜与回甘要区分。入口不甜，反应产生糖之后才感到甜，这是狭义的回甘），产生有机酸之后又刺激生津。这就是糖苷水解导致的回甘、生津、清凉感的联动反应。需要注意，糖苷的结构，还有其他的表现形式，会导致有时回甘强，有时生津强，但清凉感是糖苷水解时必然有的。

　　在长时间段中看"活"，普洱茶会越陈越香越醇厚，那是为什么呢？因为普洱茶在仓储中经历了缓慢的发酵。糖苷持续缓慢地分解出来少量糖，滋养了一些简单微生物，微生物分解本来不溶于水的纤维链，产生水溶性多糖和游离氨基酸，这个过程就是普洱茶的越陈越香。糖苷类的含量多少，决定了普洱茶越陈越香的潜力。

熟茶发酵，可以看作是一种加速的陈化。好的发酵技术有两个方面，一方面要产生足够大量的水溶性多糖和游离氨基酸，一方面糖苷的损耗要少。

糖苷在发酵过程当中会分解生成简单糖和有机酸，有些微生物会利用这些物质，有效地分解纤维产生水溶性多糖和游离氨基酸。纤维有时会分解出新的糖苷，这样的反应多，糖苷的利用率就非常高。但实际情况中不是所有微生物都这样做，部分微生物消耗糖苷，但不产生新的糖苷。所以糖苷就有损耗，就出现了转化率的概念。

怎么衡量转化率呢？看有效微生物的纯度。有效菌基本上不会浪费糖苷，杂菌就会空耗糖苷。

什么决定了熟茶的"活"？好的工艺，有效菌多，杂菌少，糖苷利用率高。当发酵中厚润达到了熟茶水平时，活性也能得到最大保留。原料上来说，就比较直接了，好原料更"活"，好原料糖苷类含量高。糖苷类含量越多的原料，发酵完保留下的糖苷也就越多。

什么是好的原料呢？春茶，栽培型的传统品种，疏植茶园的成熟型茶树，满足这些基本条件的原料一般就不会太差。

滑

"滑"与"涩"相对，"滑"感接近于细腻、顺滑，是品鉴常用的词汇，但凡用到"滑"字，全然是褒义的。怎么感受"滑"呢？最简单的例子，软水比硬水要"滑"。

"滑"的微观本质是什么？

在茶汤中，有一部分物质是产生"涩"感的，比如茶多酚，尤其是其中的儿茶素；还有一部分物质是平衡"涩"感的，产生润滑作用，比如氨基酸和一些糖类。氨基酸平衡"涩"感的作用极大，氨基酸与茶多酚的比值，叫作氨酚比。茶的氨酚比越高，这个茶就越"滑"。

有人可能会有疑问，"滑"应该是所有好茶通有的优点，为什么还要说是普洱熟茶的特色呢？因为没有任何一种茶的"滑"能和普洱熟茶相比。这与熟茶的加工有关。

"滑"是怎么形成的？

在整个熟茶发酵过程中，茶多酚是持续降低的，儿茶素更是消耗殆尽，能造成涩感的物质降到了极低的水平；氨基酸方面，虽然原料本身的茶氨酸大幅衰减，但是微生物又产生了不少新的氨基酸。此消彼长，氨酚比持续增大。茶多酚含量极低，氨酚比极高，这是普洱熟茶"润"的本质。

原料对"滑"有两个层面的影响。

第一层，好原料的氨酚比本身就高。

第二层，好原料的糖苷类含量更高，更利于进入发酵程序，利于儿茶素的减少和氨基酸的产生。

厚

"厚"是什么意思呢？"厚"跟"薄"相对，喝茶人常说"浓非厚，淡非薄"。对于圈内懂行的老手，这句话很妙，但另一方面，对圈外人又有点误导。因为"浓"跟"厚"虽然不是一回事，但确实有相关性。"淡"跟"薄"也是同理。

"厚"字作为审评术语，它的内涵就会被框定在一个狭窄的范围，基本与"浓"

供图 / 茶叶进化论

同意，程度弱一点。因为术语的意义就是精确，如果术语也具备多义性，这个术语就没有价值了。

在实际的茶事过程中，不是每个人都是评茶员，讲到"厚"，含义都是饱满的，不是压缩在术语中的狭义。我们会嫌弃茶泡太浓，但不会嫌弃茶泡太厚。一个不走极端的词，极大地保留了这个词的褒义。

简单理解的话，"浓"就是茶汤中内质丰富，"厚"就是茶汤中好的内质丰富。如果一个茶只是苦涩物质含量多，这个茶可以很"浓"，但很难形容为"厚"，要有营养的东西多才"厚"。

"厚"是什么感觉呢？有点像喝汤和喝水的区别，比如米汤就"厚"，喝茶人也经常用米汤感来形容茶的"厚"。

"厚"的微观本质是什么？茶汤中什么物质能让人觉得"厚"，最好是有能量的物质，至少是不对身体造成刺激的物质。糖类、多糖类、水溶性蛋白质类等，都对"厚"有贡献。茶叶中，多糖类含量最高，是造成"厚"的主体物质。

普洱熟茶的加工很利于多糖积累，在长达数十天的剧烈发酵中，不停地产生水溶性多糖。熟茶的多糖含量为所有茶类之最，所以普洱熟茶是最"厚"的茶。

影响"厚"感形成的因素是什么？两个方面：工艺和原料。

既然"厚"就是水溶性多糖含量，那什么样的加工能保证这一点呢？熟茶在渥堆发酵中会产生大量的微生物，有些微生物不断地分解纤维，让本来不溶于水的纤维分解成可溶性的多糖，微生物中的黑曲霉、酵母等就能够帮助产生水溶性多糖；但有些杂菌就只消耗营养，不帮助产生多糖。

在发酵中如果黑曲霉和酵母这样的有效微生物大量生长，就能够确保水溶性多糖的高产出，茶的厚度就有保证。反之，杂菌生长旺盛，多糖产出量不足，厚度就出不来了。

好的工艺就是要保证有效微生物形成优势。原料方面也不能太差，因为微生物主要是利用原料中的糖苷类作为养分，养分不足就不能进入正常的发酵程序，不能繁殖那么多的有效菌，厚度就出不来。原料要有足够的品质，才能保证有效发酵，保证成品的厚度。

讲完"活""滑""厚"三个字，熟茶的品质形成、品鉴重点就讲完了。

如何去训练有效品鉴能力？

卖茶人喜欢说，"多喝，喝够了量自然就懂了。"这句话对也不对，要获得能力提升，有效经验的积累是必须的。但就像背九九乘法表千万次，也不能领悟微积分一样。经验不是一切，还有很多更重要的因素。品鉴力其实是一种思维力，是对呈味物质的有效理解方式。你越懂，越能获得享受感。人世间所有的嗜好品都是这样，普洱茶、葡萄酒、雪茄等都是。

我一直教品鉴课，时间长了，发现一个人获得品鉴力进步往往不是渐进的，而是需要一些灵光闪现的特殊时刻。那一瞬间，突破了曾经的局限，体验到了新经验。发现人的感官还可以这样去利用，打开了新的认知渠道。

本来喝茶只管香气、滋味如何如何，认真的人仔细品品还能发现有些质地的因素。但在某个电光火石的瞬间，发现原来这就是"厚"，这就是"滑"，这就是"活"，这就是"喉韵"，这就是"水路"等。遇到这些瞬间，品鉴力就打开了新的维度，进入了一个全新的领域。曾经觉得很好的茶，在这一刻之后，甚至有可能再喝不下去。

如何获得这个激活的瞬间？

首先要规避一个误区，很多人练习品鉴喜欢做对比，拿一个低档茶和高档茶对照着练。实际上这种练法效率很低。尤其你还不知道什么是好坏的情况下，这么喝只能获得一堆杂乱无章的感官刺激。比如，前文中我们已知熟茶的"厚""滑""活"这些核心品质都与一些具体物质相关，而一个低档茶跟一个好茶的区别是什么？区别就在于多糖、氨基酸这些有效物质的含量，低端茶含量少，好茶含量多。你只需要喝好茶，去习惯感受有效物质多的茶，自然而然就能养出一个习惯标准。当偶尔喝到有效物质不达标的茶，就喝不上了，好坏就分出来了。

这个道理有点像王国维和溥仪的那个网络流传度颇高的段子。王国维是大学者，喜爱收藏，讲起理论，什么都知道。有次他把收藏的东西给溥仪看，溥仪就说这些东西不对。为什么不对？溥仪就说跟他家里的东西看着不一样。因为人能主动控制的东西是有限的，能看得到摸得着的东西才能手把手教，很多东西教起来就没那么直观。

比如，教人感受茶的活性，这里头就有一层迷雾。我认为我描述出来了，但可能言犹未尽之处；或者我表达出来了，听众也未必能够理解。因为人不能感受别人的感

供图／茶叶进化论

受，这个东西毕竟是要自己体验出来才算数。前人总结出来的现象规律，不能直接安装到脑子里的。所以类似品鉴力的进步，最简单也最有效的办法，就是创造一个熏习的环境，然后等待那个顿悟的瞬间。用大白话讲，就是多喝好茶。

这就够了吗？够了。但是如果想进步得快一点，还可以加上一个关键的步骤，叫"观想"。"观想"是什么呢？是一种合理的暗示。

感受"厚"的时候，观想茶汤中有大量看不见的絮状多糖堆积，茶汤就像棉被一样盖在舌面上。

感受"滑"的时候，观想氨基酸填补了口喉的沟壑，让所有流动的室碍降低。

感受"活"的时候，观想糖苷在口腔中完整的吸热水解反应，吸热带来清凉感，葡萄糖出现带来甜味，有机酸出现又刺激唾液腺生津。

"观想"类似于宗教体验中"瑜伽"（不是身体锻炼的瑜伽，是与"神"链接的瑜伽）。有效观想的基础是对原理有充分的理解，然后通过暗示，去突破认知迷雾，找到顿悟瞬间。如果觉得"观想"不适合自己，也没关系，多喝好茶，少喝低端茶就行。

就熟茶而言，理解"厚""滑""活"三个字，多喝好熟茶，就能渐渐把自己养成一个品鉴熟茶的高手。

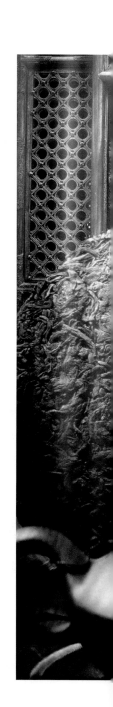

一饼熟茶的打开方式

逸品茶童 / 文

　　熟茶以其茶性温和、适饮人群广且具养生功效的特点，广受大众喜爱。在普洱茶品饮成风的地区，随处可见人们随手冲泡、品饮熟茶。那么，熟茶的冲泡是否真的丝毫不需讲究呢？一饼熟茶应该怎样打开呢？

熟茶不可貌相

　　我们知道，通过观察茶品的品相，可以辅助判断其内质。然而，品饮经验告诉我们，看熟茶不可以貌取茶。究其原因，一来是经过人工渥堆发酵而成的熟茶，茶叶已然"面目全非"，乍看上去很难判断用料的优劣；二来许多熟茶沿用传统做法以宫廷料撒面以求好卖相。因此，当我们手中接过一饼熟茶时，这一刻请不要给予太多的评判，直接开汤论茶。茶好不好，终归还是要喝才知道。当然，

在一杯熟茶与我们的味蕾交融之前，我们还是可以通过其他感官来辅助判断的。可以简单概括成一句话——闻香赏汤观叶底，这是简单而实用的方法。

首先，我们来说闻香。香气、气息是内质的表现，通过闻香可以辅助判断茶的品质。闻香，有三种方法：一是闻干茶，二是闻茶汤，三是闻叶底。

打开一饼熟茶，凑近鼻腔，轻轻一嗅，可以感受茶品散发出来的气息和香气，从而辅助判断发酵、仓储、陈化的状况。新压制的茶品，往往带着堆味；发酵不当、仓储不佳的熟茶会带着酸味、腥味、霉味等异味；仓储好的熟茶会透着自然的熟茶香；陈化到位的熟茶会带着迷人的陈香。简而言之，闻起来令人愉悦的，往往便意味着茶品会有不错的表现；而闻起来令人不愉悦的，则往往意味着茶品会有瑕疵、弊病。

开汤后，可以闻茶汤。闻茶汤，可以闻公道杯的茶汤，闻杯中的茶汤，闻煎煮中的壶中茶汤，还可以闻品茗杯、公道杯杯底的香气、气息。盛着茶汤的公道杯，汤量多，香气相对集中，闻起来更明显，更容易辨别。入口前，茶杯靠近鼻腔，也可以感受香气的冲击。闻香，主要辨别香型、醇净度，从而辅助判断茶品的内质、发酵、仓储情况和陈化年份。例如，一款发酵适度、仓储好的 10+ 年陈熟茶，开汤闻起来，会透着内敛、怡人的陈香，香气中往往

摄影 / 向彦婕

还会带着一丝丝甜，令人迫不及待想要入口品味。

又如，一款用料一般、只陈化数年的普通熟茶，一般会透着堆味，香气漂浮，一闻便大致知道茶汤的表现会相对单薄。倘若发酵过度，茶汤会透着一股焦味，稍微一嗅，咽喉都有不适感，我们便可预知茶汤入口多半会有卡喉感。如果仓储不好甚至发霉，则茶汤会有发霉、发酸等压抑难受的气息。而闻杯底香，目的在于辅助判断内质。通常来讲，内质丰富的茶品，茶汤中可浸出物丰富，挂杯香会相对浓郁、内敛、持久。再者，闻叶底，可以在出汤后，将盖碗、茶壶稍靠近鼻腔下方，感受叶底的气息，这些气息从冲泡中的叶底中散发而出，是茶品内质的直观表现。而闻煎煮中的壶中茶香，更多是应用于闻香识火候，看看茶煮得差不多没。诸如此类，不一而终，这便是闻香识茶性。

其次，我们来说赏汤。赏汤，可以赏汤色、赏汤感、赏汤氲。正确冲泡下的熟茶，汤色以红、亮、透为优，以黑、暗、浊为次。汤感看起来要有浓稠感，好比广式老火靓汤，而不是清澈见底的滚汤。茶汤有汤氲，是茶汤中脂溶性物质遇高温漂浮在汤面上的现象。有汤氲往往意味着茶汤丰富，但也不代表茶汤有十足好的表现。例如，有些熟茶发酵不佳，虽然茶汤上也有汤氲，但是喝起来卡喉。总的来说，一杯好熟茶，往往会有漂亮的茶汤，红艳透亮、富有质感，茶汤上往往会漂浮着美妙的汤氲，让人一看就想一尝为快。

最后，我们再来说叶底。所有的外在表现，都来源于内质。有怎样的内质，就有怎样的表现。例如一饼幼嫩料用得多的熟茶，一般会相对甜润一点。反之，有怎样的表现，必然有相对应的内质。例如一款熟茶，喝起来滋味感强，回甘较之一般熟茶来得明显，一般是因为相对轻发酵使得叶底保留较好活性使然。所以，看叶底，是透过现象看本质。看叶底，可以验证品饮过程中对茶品内质的判断，也可以对茶品陈化走向进行评估。看叶底，我们可以通过叶底的色泽、亮度、净度等各方面来分析发酵是否均匀及用料优劣等情况。看叶底，还需要动手来拿捏，感受叶底的活性和内质丰富程度。用料不错、发酵工艺过关、仓储得当的熟茶，叶底拿捏起来会有柔软感。如果拿捏起来有干瘪感，就说明用料内质寡薄；有刺手感，则说明有部分叶底发酵过度。有趣的是，用料优、发酵得当的熟茶，泡毕时，将叶底置于手掌上揉捏，可以揉成一颗茶丸。

且泡且闷或须煮

相对于很多茶来说，我们常见的口粮熟茶并不娇气，冲泡不需要太多的讲究。如果拿泡茶四要素——茶、水、器、人套进来，大致注意水温、泡茶器、茶水比例、闷泡时间四方面就可以了。

冲泡熟茶，我们日常用得最多的是盖碗和紫砂壶。我们先说盖碗，盖碗可泡百家茶。手中打开一饼熟茶，以盖碗冲泡初试。冲泡熟茶的水温一般都用沸水，要保障每一次注水都是沸水，可以使用行内普遍认可的吉谷煮水器；投茶比例可以泡茶器的容量乘以 6% 计算，例如 130 毫升容量的盖碗，投茶约 8g；闷泡时间一般由前几泡的三五秒逐步延长。撬茶、称茶、投茶、洗茶润茶，然后正式冲泡、品饮。在这个过程中，闻香、赏汤、观叶底，一泡茶喝下来，就能大致对茶品的优劣等级做出初步判断了。

当然，要客观品评一款茶，前提条件是要正确冲泡。因此，我们试茶可以先用盖碗，但是细品一般还需用紫砂壶，尤其是对于一些 10+ 年陈的熟茶。陈茶出味相对慢，需要高温冲泡，并且借助续温性能好的泡茶器来闷泡，以提高茶水融合度，激发陈香，提升整体品饮愉悦度。

然而，当紫砂壶遇到老茶头，也会感到乏力了，泡出来的茶汤往往是茶和水没有

供图 / 茶叶进化论

高度融合在一起，香气也没有激发出来。就算厚胎壶与电热炉 + 陶壶 / 铁壶联手合作，也不如煎煮。只有喝过煮的，才知道闷泡的茶汤就是差了点什么。

冲泡相对出味慢，对冲泡要求较高的茶品，例如陈年熟茶、老树熟茶或老茶头，如囿于条件，也有一个简单粗暴而又特别实用的方法，那就是用质量有保障的保温壶来进行闷泡。一般 500 毫升容量投茶 5 克，闷泡一刻钟左右就可以品饮。但是要注意闷泡时间不宜过长，以避免出现熟汤味。一般闷泡半个小时后，可以打开出水口透透气、散散热。优质的陈年熟茶，也可以采用这种闷泡方式，有兴趣的读者不妨尝试一下。大家会发现，这样闷泡出来的茶汤，茶水融合度会更高，茶汤黏稠度会更好。上班时段和外出时，采用这种方法冲泡老熟，既方便又能愉悦地品饮熟茶。

各类熟茶的打开方式

从品饮的角度来区分，我们姑且将熟茶分为三类：待品期熟茶（新发酵熟茶及数年陈熟茶）、适饮期口粮级熟茶、品鉴级熟茶。

1. 待品期熟茶的打开方式——做茶中的伯乐

这个时期的熟茶，往往处于阶段性失真状态，基本会有堆味，新压制熟茶还会有水味。这个时期的茶，未进入适饮期。我们打开一饼待品期熟茶，泡品、品评，往往是为了判断它的未来。因而，我们需要透过它当前的失真状态拨开迷雾，直窥内质。用一句话来说，我们要把它放在陈化时间轴上来看，同时借助规律，这样就不单能够看到它现在的表现，还可以洞察它过去的轨迹，甚至能够预测它未来的陈化走向。具体来说，主要可以通过上文介绍的方法，来看用料情况和发酵工艺，来判断内质和陈化预期。如果品评的目的是购买，则需再结合性价比等因素加以综合考虑。笔者就倾向于选择这个阶段中用料好、相对轻发酵、叶底活性好的熟茶，未来陈化空间会大一些。

2. 适饮期口粮级熟茶的打开方式——好喝至上

我想，大众茶友最关心的问题是如何挑选一款好喝、性价比高的口粮熟茶。其实很简单，掌握上文所述的冲泡方法和一些基本的品评小技能，多泡多对冲，多喝多对比，选择适合自己口味的、喝起来身体舒服的茶品就没错了。用笔者最近总结的"喝茶的三个契合"来说，就是用"舌尖上的契合、身体上的契合、心灵精神层面上的契合"来挑选。一款茶，喝起来适口，身体舒服，长期合理地喝对身体健康有益，喝起来心情舒畅，偶尔还能碰撞一些思想火花思维灵感，那就是"三契合"好茶了。

3. 品鉴级陈年熟茶的打开方式——静享熟茶时光

闲暇时，于早起的清晨，抑或饭后的夜晚，在陪伴家人的时光里，或与亲友畅叙之时，茶是谈兴的催化剂。而夜晚之时或茶会尾声，尤其适合品一道陈年熟茶。或闷泡，或煎煮，端起茶杯，于陈香带着丝丝甜意的气息中感受流逝久远的时光，于暖暖的茶汤中感受岁月沉淀的年份感，那是多么美好的体验。

浓淡相宜泡熟茶

黄素贞 / 文

　　如果说，熟茶的第一次生命来自枝头的原料，那么它的第二次
生命则来自渥堆发酵，而第三次生命则是在冲泡之间。从失水到吸水，
再干燥，又吸水，一片熟茶完成了生命的三度淬炼，绽放出生命最
精彩的部分，它的温和、醇厚、甘甜给人们带来了温暖与健康。

　　熟茶可以说是所有茶类中最温和的茶，因为它的发酵程度是所
有茶类中最高的（自然发酵的陈年老茶除外），在全发酵茶中，比
红茶、安化黑茶等发酵时间和程度都高。所以熟茶的冲泡要求其实
相对较低，只要是品质优异的熟茶，浓淡相宜，怎么泡都好喝。比
如现在茶圈子里流行的保温杯闷泡法，都是首选熟茶。当然，一些
冲泡技巧运用在熟茶上，一方面可以让熟茶更好喝，另一方面也可
以掩盖某些熟茶的工艺缺陷。

　　下面，我们先来看看熟茶的基本冲泡方法：

冲泡前的准备

1. 醒 茶

醒茶是冲泡熟茶之前必做的功课之一。无论是年份稍久的熟茶，还是新制熟茶，都需要醒茶。饼、砖、沱等紧压熟茶，在准备品饮的前一周左右，就可以进行醒茶了。将熟茶饼或砖分拆散为一元硬币般大小，存放在陶罐或紫砂罐中，让茶叶适当接触空气，调整其内部含水量，新茶的渥堆味与老茶的仓味会适度消散，有益于接下来的冲泡。需要注意的是，醒茶罐不要装太满，大概 2/3 左右，让罐子留有一定的空间，使茶叶更充分接触空气。

2. 泡茶器具

一般来说，冲泡熟茶，推荐使用紫砂壶。紫砂壶因其特有的保温性、透气性、吸附性能使茶汤更为顺滑，紫砂壶的双气孔结构可以吸附杂味，可以把熟茶的渥堆味和杂味都吸附一些。

供图／智默堂

如果没有紫砂壶，盖碗也可。瓷盖碗的材质密度较高，而且是挂釉的，透气性和保温性不如紫砂，但能够高度还原茶的本味。在保温性能稍差的背景下，应变把握好投茶量和出汤时间，也能冲泡出好喝的茶汤。

当然，这两种茶器还有一个最大的区别，就是价格。紫砂壶偏贵，价格差异非常大，而且泥料难辨，刚入门的茶友慎用。盖碗虽然便宜，但是容易烫手，最好选边沿较宽的盖碗，可减缓烫手的程度。

另外，还有建水紫陶茶壶，在泡熟茶上也很有优势。紫陶的密度比紫砂高很多，可以保留茶的香气和味道不被茶具吸收，泡出来的茶汤香气更加充盈，味道更加饱满。而且紫陶导热性能好，在茶需要逼温的时候，壶内温度上升快，要保持高温，用烫水淋壶即可。

3. 泡茶用水

俗话说，水为茶之母，对泡茶来说，水的影响力不可小觑。陆羽说："山水为上，江水为次，井水为下。"可是对于现代人来说，这三种水都不可能轻易获取，况且现在环境污染严重，自然之水未必健康，可能含有一些细菌和微生物。

对于日常泡茶而言，选择桶装矿泉水或者纯净水，可作为一个相对简单和保险的选择。经过深层净化的自来水也是非常经济的选择，现在很多小区都有大型净水器，经过净化后的自来水口感还是不错的，一点也不比普通的桶装水差，关键还是活水。

当然，茶圈也有人推荐一些品牌的水，但是笔者认为，熟茶是日常口粮茶，大众化的饮品，没有必要太纠结，桶装水和净化水足矣。

4. 烧水器皿

烧水器皿当然首选铸铁壶，因为铁壶提温和保温性好。但是日常冲泡的话，不锈钢随手泡即可，业界推荐吉谷牌的恒温电水壶。另外，为了控制注水水流，煮水器的壶嘴设计要合理，要能把水线修得圆润平稳，且能随心所欲控制水线之粗、细、缓、急者优先。

5. 投茶量

投茶需适量，投茶量过大，容易出现酱油汤色；投茶过少，滋味寡薄，影响品饮感。具体来说，投茶量可以根据人数、泡茶器具大小来决定。一般来说，110毫升容器，投茶7克，这个投茶量基本保证了比例的协调，个人可根据口味自行调整，同时调整每泡时间，加以配合。比如希望多泡几巡者可以加大投茶量，同时在开始几泡尽量快速出水。

熟茶冲泡过程

1. 润 茶

熟茶无论散茶还是紧压茶，都可能有不同程度的紧结或结块，润茶有助于使其均匀舒展，从而更好地发挥茶性。其次，熟茶经过洒水渥堆发酵，难免会沾染上一些灰尘，经过一道润茶程序，有助于将茶上的杂质灰尘等洗去。

注意润茶时间不宜过长。以高温水注入，散放的熟茶一般润茶3~5秒，紧压的熟茶，可润茶5~10秒。润茶水一出便揭盖闻香，茶香一出即

供图／智歇堂

润茶完成，茶香未出或香气不正的则再继续。一般润茶 1~2 泡即可。

润茶时一般需要温杯，但既然洗茶有清洁的考量，那就不宜以洗出来的茶水温杯。最好直接使用烧水器皿中的开水烫盏，无论视觉还是实际效果，都更清洁。

2. 控制水温

熟茶一般可直接用沸水冲泡，针对具体茶品，以及各地沸点为基准进行调节。比如选料细嫩的宫廷普洱，水温 90℃左右即可；而有一定年份的熟茶，则需要高温冲泡，最好达到 100℃。总的来说，水温降低，各种气味都会变淡，提高水温，各种气味加强。所以，连续高温的浸泡是激发老熟茶陈香的不二法门；对于年份较新的熟茶，可适当降低水温，以免泡出"堆味"。

紫砂壶本身保温性能强，还可以盖住壶盖用开水不断淋壶以提升浸泡温度。而盖碗保温性能较差，其中叶底在无水浸泡的情况下降温极快。为了保持叶底温度，有个重要的技巧：出汤后先给盖碗注水，而后再用公道杯给品茗客斟茶。

供图／智默堂

282

3.注 水

要注意控制注水水流的稳定性。一般来说：香靠冲，汤靠吊。也就是说，如果希望让茶汤高香，我们就快水猛冲，让茶叶在容器中翻腾激荡，充分和水摩擦，但此时会牺牲汤感；如果希望让茶汤绵密柔软，我们让水流在一个点上稳定而缓慢地注入泡茶器皿，但这样又会牺牲香气。这个口诀过于大略。冲泡之道乃平衡之道，实际应用中要根据不同的茶性，不同的制茶工艺做很多调整。但总的来说，在熟茶的冲泡中它还是相当实用的。

4.出 汤

前几泡的宜快出，5~10秒即可，否则时间长易成"酱油汤"，中段可适当延长出汤时间，20秒左右，后段可以进行1分钟左右的闷泡，控制出汤时间，可以尽量平衡每一泡的浓度。熟茶每次出汤时，一定要沥干水分，不要留根。如冲泡过程中有间断，再复冲泡时，第一泡出汤也要迅速。

熟茶的快捷泡法

以上说的是传统冲泡法，但是在工作忙碌的办公室，在没有条件的外出途中，或者在犯懒图方便的时候，我们还可以选择一些快捷的冲泡方法：

1.飘逸杯泡法

飘逸杯确实方便快捷，一冲一按就行了，最适合在办公室使用。但是飘逸杯因为材质的关系，不聚热也不密闭。只能满足日常喝茶的需求，品茶就不适用了。而且我个人觉得飘逸杯还有一个致命伤：颜值低。

2.煮茶法

选择带金属滤网的电茶壶，一般500毫升水配10克干茶，放进滤网，可以先倒入小半壶开水洗茶，倒掉洗茶水后，再注入500毫升冷水，开始煮茶。水沸腾后1分钟内即可关火。一般可以煮2~3壶。后两壶的沸腾的时间相应延长。

供图／茶叶进化论

　　煮茶，必须是好的熟茶，天然无污染的古树茶发酵的最好。因为高温煮茶，容易煮出茶叶中的有害物质，如果是农残重金属超标的熟茶，这些有害物质就更容易溶解在茶汤中。但真正好的熟茶，煮着喝，能够让其内含物质尽情释放，茶汤很容易出黏稠感，体现熟茶的醇厚和顺滑。

3. 保温杯闷泡法

　　保温杯闷泡最近普洱茶界比较流行的熟茶泡法，一般 500 毫升的保温杯配 3 克熟茶最佳，投茶量大容易太浓。倒入开水后，盖上盖子，闷泡至少 3 分钟以上。如果是紧压或者散形熟茶，建议用一次性小茶包装袋后再泡，可以滤掉茶渣。保温杯闷泡最适合在旅途中喝茶了，不仅方便快捷，而且清洁卫生。

　　关键是通过保温壶的高温闷泡，能闷出一般泡茶法不容易泡出的香气，比如陈香、参香；另外，闷泡后的熟茶，汤质黏稠、口感顺滑，像米汤水一样。但是前提是茶必须好，没有明显工艺缺陷，没有堆味、异杂味，否则这些缺点会因为闷泡而不断放大。可以说，闷泡是检验熟茶优劣的有效方法之一。

熟茶 "挑茶" 经

逸品茶童 / 文

随着人们对熟茶的正知正解，越来越多茶友爱上熟茶这种男女老少皆宜、一年四季适饮的茶品。虽然熟茶以其茶性温和冲泡简单深得人心，但又因其品质良莠不齐甚至鱼龙混杂而备受诟病。如何准确地挑选到自己喜爱、价格又实在的熟茶，这无疑是大众茶友最关切的问题。逸品茶友会通过长期的经验积累，总结了好记实用的"五四三二一"挑茶经。

五个一票否决

茶是用来喝的，品质过关是前提。有些熟茶，由于用料、发酵、仓储各方面的原因，导致品质不过关，这样的茶品饮价值不高，甚至饮之有害。通过辨认其呈现的某种特征，我们可以一眼识别"垃圾茶"。

第一，饮之寡淡者，一票否决。有些熟茶，喝起来似有味，仔细品味，方知寡薄味淡，缺乏喉韵。这类熟茶主要是用料不佳的问题，往往不耐泡，甚至出现茶水分离的问题，品饮价值不高。

第二，饮之卡喉干喉者，一票否决。茶的基本功能是生津止渴，如果一口熟茶喝下去，感觉喉咙卡住了，喝过后还感觉口干，那就失去了品饮的价值。这种熟茶往往是发酵或仓储上有问题。

第三，气味杂异者，一票否决。茶汤焕发出来的气味，是茶品内质的外在表现之一，好茶往往都是香气怡人。如果一杯熟茶闻起来香气不明显，反倒夹带着杂乱、奇怪的气味（酸、腥、焦、霉等），那往往说明品质有问题。

第四，叶底碳化者，一票否决。有些熟茶，泡开后，叶底黑乎乎的，拿手触碰、拿捏，刺刺的，叶底碳化率高，属于发酵过度或严重受潮引起碳化。这种熟茶属于典型的垃圾茶。

第五，严重受潮霉变者，一票否决。由于人为故意为之的原因或仓储不当的缘故，有些熟茶在仓储、存放过程中严重受潮，甚至已经霉变。这类茶，饼面上可见霉变迹象，霉变严重者甚至掰开茶饼时都清晰可见。靠近鼻腔一闻，有明显霉味。见到这种茶，可以直接扔掉。

摄影/段兆顺

四个不买原则

消费者在选购熟茶时，有些茶是可以排除在外的。因为这样的茶要么有风险，要么摆明就是个坑。我们买茶，要避开风险绕开坑。

第一，新发酵的不买。新发酵的熟茶往往堆味重，不好喝，一般消费者也很难辨别其品质。新发酵的熟茶一般需要在厂里存放一定时间散去堆味后，再制成成品上市。但也有一些刚发酵或未完全散堆的熟茶进入市面。这就需要消费者加以辨认。

第二，新压制的不买。熟茶在压制成紧压茶前，需要洒水软化散料以便于压制成型。新压制的熟茶，会处于短期的失真状态，茶汤往往茶水分离，还可能会有堆味。这种失真的状态一般会持续一个月或数月，会影响我们对其品质的判断。因而，建议消费者不在熟茶的失真期选购，尤其是要大量采购时。

第三，价格太便宜的不买。道理很简单，一分钱一分货，一款商品价格太低，不符合常理的东西往往就不对。除非是商家以亏本赚人气，但这种可能性不大。

第四，名头太大的不买。市面上有一些熟茶打着某某名山、某某名村寨的名堂，价格却是普通茶的价格，甚至特别低廉的价格。那些名山、名村寨的毛茶价格动辄数千上万，一对比，就知道不可信了。

三个挑选标准

熟茶的品质，取决于用料、发酵工艺、仓储三个方面。筛选优质熟茶的三个标准，无非也是综合这三个方面来判断，最终结合性价比做出挑选抉择。如果要从这三个方面来阐述，恐怕要长篇大论。逸品茶友会通过长期的实践，总结了几条好懂好用又好记的挑选标准——好闻好喝、可揉可捏、宜闷宜煮。

第一，好闻好喝。一款优质的熟茶，闻起来香气要醇正，气息要愉悦，可以有因为年份不足而夹带的些许堆味，可以有因为仓储的原因带来的些许沉闷的气息，但不能有令人不愉悦甚至引人心生厌恶的杂异气味。优质的陈年熟茶，闻起来是温醇的，沁人心脾的。内质好的熟茶，气息中都透着甜味。判断一款茶好不好喝，最终还是入口为实。一款优质的熟茶，喝起来要好喝而又舒服。好喝是一个非量化的综合性指标，

可能因为个体品饮喜好不同而有所偏差，但是真正优质的熟茶是能征服绝大多数茶友的味蕾的。值得强调的是，除了注重好喝，还需要注重身体的反应。优质的熟茶，能够温胃暖胃，喝起来令人肠胃舒服。

第二，可揉可捏。揉捏是用来感知熟茶叶底优劣的方式。一款熟茶，如果用料佳，发酵工艺过关，一般叶底柔软，有活性，揉搓起来不会有刺手感。用料好而发酵偏轻的熟茶，活性会显得十分好，拿在手上搓，可以捏成个茶球，十分有趣，这说明茶中果胶、多糖等内质丰富。这样的熟茶，喝起来往往更有味，有些还有几分老生茶的影子。

第三，宜闷宜煮。优质的熟茶，冲泡起来不娇气，淡冲浓泡长时闷，都好喝，甚至拿来煎煮更加惊艳。这是因为内质好，析出物都是呈感呈味表现好，管你泡闷煮。遇上这样的好茶，如果价格合适，便是福分。因为只有用料、发酵、仓储俱佳的熟茶才可能有这样的绝好表现。

两个买茶心得

饼试筒入件藏。买茶是个经济行为，除了要识茶，还得会算计。我们逐个来拆解一下"饼试筒入件藏"。"饼试"，有三层意思：首先，当对茶品了解不深时，不宜多买，可以买饼试试。其次，我们要多喝多对比，这样才能开阔眼界，所以不妨多试试，货比三家。第三，有些茶好喝，但是性价比不高，甚至偏贵，这样的茶一般建议买饼品试则可。"筒入"，指的是对于喜欢的茶，建议以筒（7 饼）为单位购买，最直接的原因是这样往往有一定的优惠。例如买 1 筒送 1 饼，1 筒 88 折，这些都是商家的常用优惠方式。再者，自己喜欢的茶，一饼是不够喝的，"筒入"是最起码的。"件藏"，则是"筒入"的升级版，看到对口味的茶，价格也实在，"件藏"是明智、经济之举。因为整件购买价格往往比"饼试""筒入"要优惠得多。一件茶 42 饼，年头买下来，喝一些，过年过节亲友来往作为手信送一些，到了年尾还能够存一些起来，留待且品且藏。还是那句话，自己喜欢的茶，一定要藏够。当然，前提是一定要看准。

要学会捡漏。捡漏的前提是懂"捡"。这个一般适用于资深茶友，新入门茶友要捡漏一般得跟对圈子跟对风。当你到了能品会鉴的时候，什么茶都能喝出个七七八八，继而判断一款茶的潜力时，就能更好地去判断性价比。捡漏的"漏"，无

摄影 / 欧巴非

非有两个，一个是商家搞优惠活动时茶品价格低往往还有赠品奖品送，另外一个就是商家低估或没有发现茶品的品质使得茶的价格偏低。捡漏往往需要果断出手，因为"漏"可遇不可求，且不乏懂捡漏之人。

一个自我见解

说到底，最好用的熟茶"挑茶"经，还是建立在对熟茶的自我见解之上。只有对熟茶的泡、品、评、鉴各方面有全面的认识，通过长期的实践，形成自己的一家见解，在面对品类繁杂的熟茶，才能看得清楚，喝得明白，买得安心。

熟能生巧，对于喜爱熟茶的茶友来说，只要花上点心思，通过长期的品饮经验积累，就不难形成自己的品泡方法，形成自己的品评体系。到了这个状态，任何一款熟茶摆在面前，都能喝得明白，能够对其现饮价值做出客观分析，对其陈化价值作出有预见性的判断，对其合理的价格区间作出界定。如此一来，一款茶值不值得买，要买多少，以什么价格买合适，"饼试筒入件藏"哪个最明智，要做出判断和决定便是自然而然之事了。

熟茶小白"黑转粉"

逸品茶童 / 文

熟茶"黑转粉"们的转变路径

这些年，回忆起自己对熟茶"黑转粉"的经历，也见过周围的茶友对熟茶由"黑"转"粉"，还有不少茶友被扭"黑"转"粉"，想来十分有趣。从讨厌到喜欢再到深爱，像极了电影中的一种爱情路径。这是个有趣的过程，每个茶友都有自己的故事。然而，故事再多，却也不外乎几种路径。

1. "吃苦瓜"路径

有些人小时候并不爱吃苦瓜，觉得苦，吃过一次甚至吃过一口就不爱吃了。等到后来吃到可口的苦瓜时，瞬间就由厌转喜了。后来也才知道：苦瓜有好吃的，也有不好吃的，好吃的还得做法对，

供图／茶叶进化论

做法高明还可以相当好吃。许多茶友喝熟茶的过程就好比"吃苦瓜"，一开始喝到差的熟茶，就像吃到一口难吃的苦瓜一样，太没印象了，自此嗤之以鼻，"黑"而远之。后来，不经意中再尝到一口好吃的苦瓜，不得了，还真没印象中的苦，似苦实甘，好吃好吃。这熟茶再喝，不得了，还真跟印象中的不一样，没有堆味、霉味，原来熟茶还可以这么好喝呀。

2. "雾里看花"路径

有些人对熟茶的发酵工艺、仓储认知不足，只知其一不知其二，甚至道听途说，认为发酵、仓储不卫生，于健康无益，对熟茶远而避之。这好比雾里看花，模模糊糊的，刚好看到残花败柳，以为"窥一花而知一圃"，其实"所见非所得"，更多是头脑里编出来的，心理学上称之为"头脑故事"。及至有"引路人"，于天明雾开时，引其至眼前，这才幡然大悟"此花非彼花"，自此成了"赏花人"。

3. "看冰山"路径

更多的人看熟茶，见冰山一角以为冰山之全貌。对熟茶谈不上讨厌，却也说不上爱，就这么喝着。直到遇上"航海人"，始听冰山之大。带着新视角，再看冰山，见得多了，始信冰山之大，然不知冰山何其大，冰山何其多。于是，欲穷冰山之大，欲博览冰山之众。这便是茶带给我们的无穷乐趣，熟茶也一样。

熟茶被"黑"的些许缘由

茶友的眼睛是雪亮的，舌尖是灵敏的。从来就没有平白无故的"黑"。熟茶被"黑"，是有缘由的。

1. 不好喝的熟茶是存在的

茶席上的熟茶就像餐桌上的苦瓜，有好吃的，也有不好吃的。茶友很实在，眼前的这泡茶，好喝就点赞，不好喝就吐槽。对于熟茶，人们"黑"的，主要是不好的产品、不好的工艺、不好的仓储。而市面上品质一般甚至低劣的熟茶是客观存在的。究其原因，主要是用料的鱼龙混杂，制作工艺的良莠不齐，

供图／一水间

仓储的管理失当。当然，也有一些熟茶是在茶友手上因随意存放造成品质转劣甚至霉变的。

2. 泡品小技能普及度不高

好食材烹饪得当才能出好菜色，好茶冲泡得当才能出好茶汤。有个问题容易被忽略，其实有些熟茶是给泡坏的，喝的人自然就没好印象。投茶量过多泡得像酱油一般，抑或投茶量过少泡得寡薄无味；水温不足泡出来茶水分离；泡茶器选用不合理，例如泡老茶拿飘逸杯、盖碗泡，自然泡不出精彩来。在现实生活中，这些现象是常见的。倘若是熟茶的品质一般甚至低劣，加上冲泡毫不讲究，那泡出来的茶汤就可想而知有多难喝了。

3. 客观宣传的缺乏

我们处在一个网络信息畅通、大众媒体崛起、出版业大繁荣的时代，对于茶叶对于熟茶能够接触到的信息越来越多，再不像 21 世纪初那样大众只知道"越陈越香"，都以为会"越陈越香"。但是，另一方面，面对纷繁杂乱的信息，新的问题又来了，一些受众面对来源不一、众说纷纭的信息会难以分辨。例如熟茶的发酵过程到底脏不脏？怎么辨认眼前的这饼熟茶仓储有没有问题？能不能喝？怎样喝熟茶能辅助降"三高"？像这些问题都是大众关心但是了解不多甚至甚少的。这说明官方的、权威的宣传还不够多，覆盖面还不够广。

熟茶吸粉的几点思考

要让人们"好喝熟茶"，就得让更多的人认识到"喝熟茶好"，感觉到"熟茶好喝"。当然，还得让更多的人掌握泡品熟茶的尝试，把熟茶泡得更好，喝得更愉悦。

1. 喝熟茶好

熟茶茶性温和，适合男女老少品饮，尤其受肠胃不好的人群喜爱，这是广为人知的。但是，熟茶在辅助降三高等方面的养生功效，知晓率、接纳度并不高。事实上，甘普尔在法国推广熟茶的经验是值得借鉴的。在这方面，普洱行业还大有可为。

2. 熟茶好喝

优质的熟茶，无论从丰富饱满的滋味，还是醇厚滑顺的口感，再到蕴藏岁月的陈香，都能够带给人们舌尖上独特的品饮体验。而早晚喝熟茶，寒冬里喝熟茶，暖胃，让人感到很舒服，在普洱茶爱好者中就有"喝熟茶过冬"的风尚。一到冬天，往往也是以品饮熟茶为主。而事实上，在喝茶这件事上，一款茶觉得好喝，就会经常想喝；经常想喝，就是身体接纳的、需要的。

3. 把熟茶泡好

茶泡好了才能喝得好，喝好了才会喜欢。在我们常喝茶的茶圈子里，就是通过推广熟茶泡品常识，让更多茶友懂得泡好熟茶进而喜欢熟茶的。大家拿到熟茶，再不是撬来则泡，胡乱一泡，而是有章有法。茶友们用起了醒茶缸，且醒且泡；茶友们知道要控制泡茶器容量与投茶量的比例，明白泡不同的熟茶要灵活使用各种泡茶器，懂得"泡、闷、煮"各有妙处；茶友们知道泡陈年熟茶水温要有保障，泡老茶得用厚胎紫砂壶，喝老茶头得煎煮；茶友们知道好熟茶往往有漂亮的"汤氲"，有些茶友还晓得拿不同的熟茶进行拼配着泡，拼配着煮。

当然，要让更多人喜欢熟茶，说到底，最重要的还是要把实实在在的好喝的熟茶摆在茶友的眼前，只要茶友接触到好熟茶的几率提高，熟茶的粉丝自然就会增加。

熟粉熟言

厌之，即有百般理由；爱之，便有千种说法。人们对于熟茶也是如此，不喜欢时"黑"话连篇，爱上了便"粉"言"粉"语。从泡浅年份熟茶和陈年熟茶应该注意哪些技巧，到用保温壶闷泡熟茶的投茶量与闷泡时间怎样才是最佳；从一款老茶头拼配哪款熟茶一起泡一起煮更好喝，到煮熟茶时如何闻香识火候避免出现"熟汤味"；从在阳光下最容易拍出漂亮的汤氳，到熟茶茶汤出汤后稍冷一些再喝会更黏稠。可以聊的实在太多了。

1. 茶童"黑转粉"的自白

像很多人一样，茶童认识熟茶，始于茶楼。十多年前，初识熟茶时，没什么好印象，黑乎乎的，没什么味道，还经常带着一股"霉味"，和茶童从小接触到的以香气著称的凤凰单丛完全两个样。在很长一段时间里，茶童不会主动去泡熟茶，在酒肆用餐有得选时也不会去选熟茶。后来，偶然的机会，喝到一泡年份感凸显的熟茶，一下子改变了对熟茶的印象，对熟茶产生好奇，接纳、关注熟茶。

供图／智默堂

供图／喃山茶室

2. 见证茶友的"黑转粉"

很多茶友对熟茶一开始是"抗拒"的，但当他们第一次看到一杯漂浮着漂亮汤氲的熟茶时，眼睛一亮，"咦，看起来不错喔"；而当他们尝到轻发酵熟茶的甘活、老树熟茶的醇厚、老茶头的黏稠、老熟茶的陈韵时，第一反应是"哇，原来熟茶还可以这么好喝呀"；当他们第一次看到煮熟茶，闻到迷人的煮茶茶香，尝到米汤般的茶汤时，会感叹"煮出来的熟茶居然这么好喝啊"。于是，这些茶友以往对熟茶的认知被刷新了，他们知道熟茶好喝，泡熟茶有讲究，于是再次泡品熟茶时，留神了，专注了，慢慢地就喜欢上了。随着大家对熟茶的熟悉，越来越多茶友喜欢上熟茶，大家发现上午喝熟茶很舒服，一天到晚喝茶喝个不停的商务型茶友找到了生熟交替的喝茶方式，"冬日喝老熟"也成了茶友会中的风气。

3. 熟茶小白们的趣事

有一位茶友，多年来一直以喝凤凰单丛、普洱生茶为主，熟茶喝不太惯，但是单丛、生茶喝多了影响睡眠，他肠胃又不大好，喝着喝着最后还是以熟茶为主，问他何故，答曰："主要是好喝又对肠胃好。"从"喝不太惯"到"好喝又对肠胃好"，这就是典型的"黑转粉"。究其原因，还是一开始没接触到优质的熟茶，对怎么泡熟茶也没什么概念。有一个茶友，一开始也是不喝熟茶，后来在茶童的逸品茶友会中受其他茶友影响，也喝起了熟茶，尤其爱喝老茶头，他说："应酬后第二天，（煮一壶）老茶头下肚非常舒服！"有一位茶友的老母亲第一次喝到熟茶时，打趣地说这是"酱油茶"。后来，这位茶友再次回乡探亲时，发现老母亲喝得津津有味。原来老母亲对儿子孝敬的"酱油茶"很上心，喝着喝着便喜欢上了，觉得"温和暖胃又耐泡"。

消费者最关心的 熟
茶
知识问答

第八章

消费者最关心的熟茶知识问答

李扬 / 文

工艺篇

Q: 熟茶的渥堆要往里面加什么东西吗？比如说像酿酒要加酒曲，发面要加老面一样？

A: 其实酿酒也不一定需要添加酒曲。只要温湿度合适，微生物就会出现，发酵就会自然进行。

传统的熟茶发酵只要潮水把茶堆含水量提高到 28%~40%，微生物就会爆发，进入自然发酵程序。

在 2000 年后，普洱茶的研究越来越多，以周红杰为代表的科学家通过研究已经基本揭秘了熟茶发酵原理，以黑曲霉和酵母为主的优势菌是熟茶品质形成的关键。在这个研究的基础上，也陆续有人开发出添加茶曲的发酵技术。

不过直到今天，熟茶的主流发酵技术仍然是不添加菌种的传统大堆发酵。

Q: 听说熟茶的发酵很不卫生，是真的吗?

A: 这是一个误解。几乎所有的发酵食品都会面对同样的误解。

因为发酵本身就是微生物生长的过程，不了解发酵技术的人看待发酵，往往视为"发霉"。

食品在一定条件下会出现大量微生物，其实微生物只是在进行自己的传宗接代，顺带改变了食品的性质。但在人类看来，有些改变是利于人类的，这就叫"发酵"；而有些改变是不利于人类的，这就叫"腐败变质"。

熟茶的发酵，就是一个有利于人类的发酵。发酵过程一方面降低了刺激性，另一方面又把晒青毛茶当中本来不溶于水的多糖和蛋白分解，使其溶于水，增加了茶叶的品饮价值。

只要正确看待微生物，在有技术保证的前提下，熟茶是非常安全和卫生的。

摄影/李一波

Q: 熟茶也需要拼配吗?

A: 熟茶当然也需要拼配。拼配一般有两个目的: 稳定品质和激发品质。

传统的拼配有所谓 12 字诀"显优隐次、扬长避短、高低平衡""显优隐次"和"扬长避短"比较直观和容易理解,"高低平衡"的意思是茶叶生产时间跨度大,涉及的操作人员与技术环节较多,茶叶的品质前后批次会有差异,为了稳定品质就需要将不同批次进行拼配。

还有一种拼配目的是激发品质,比如两种不同甜感的茶拼配在一起就会激发出更有饱满度的甜;回甘强的茶和略带苦味的茶拼起来,由于对照作用,回甘就会被凸显出来。这一类的拼配就会产生1+1 > 2的效果。

同时,熟茶拼配需要考虑后期转化效果。由于熟茶没有高含量的儿茶素,所以对微生物的抑制作用不强,仓储中后发酵速度会比生茶要快。不同品种拼配的熟茶更容易转化出好的喉韵。

Q: 小堆离地发酵的优势和劣势有哪些?

A: 小堆离地发酵,最大的优势就是原料投入量的门槛低,不像传统发酵需要好几吨的茶叶,而是几百千克甚至几十千克也可以发酵。

所以制茶人就更可能用相对稀缺的原料去做熟茶,做出更具特色的个性化产品。另外,由于离地,所以更显干净卫生,普通消费者从心理上更容易接受。

同时,小堆离地发酵也有一定的劣势。堆子小,微生物环境不稳定,发酵过程中有个风吹草动就可能改变理想的菌体结构,导致发酵问题。因此,小堆发酵需要的环境要求、技术要求就得更细致,成本更高。

市面上有些小堆发酵的熟茶,汤色透亮,滋味偏淡,香气欠缺,就是发酵中有效菌生长不到位的结果。

Q：熟茶的堆味是怎么产生的？堆味具体是一种怎样的味道？

熟茶所谓的堆味就是在发酵过程中由于低温杂菌的产生出现的一些霉腥味、土腥味。比如灰绿曲霉就容易产生食物腐烂变质的霉腥味，比如根霉过多就产生一些铁锈味，但在很多书籍中根霉也被认为是有效的微生物，因为它产生的气味，在较低浓度下也会有类似花香的感觉。

传统的大堆发酵几乎都有堆味。

Q：熟茶发酵说的烧堆或者烧心指的是什么？

一般说的熟茶发酵里面的烧堆或者是烧心，是指堆子里面的茶叶变得干硬发黑，看起来碳化了。烧堆的原因，一是氧化过度，二是杂菌的过度生长。

Q: 什么是茶化石、碎银子？

A：碎银子、茶化石是一种熟茶的新型加工方法。

当茶叶发酵一段时间以后，微生物开始大量地生长，整堆茶充满菌液。这个时候通过压力设备，把茶压成条块状。继续发酵，就会大量结成茶头，发酵结束后再把这些条块状茶头进行打磨。打磨出来的颗粒就是茶化石、碎银子。

由于糯香茶化石更受市场欢迎，厂家最后还会加入糯米香叶熏制。

品饮篇

Q: 为什么有些熟茶喝起来嘴唇发干，有燥感，甚至麻舌感、收敛感?

A: 嘴唇发干、燥，这在新熟茶中比较常见。刚刚发酵出来，或者刚刚压制出来的茶往往会有点燥，一般一段时间后就改善了。收敛感明显，麻舌、涩，这一般是儿茶素造成的，说明是发酵程度不深，同时原料的儿茶素含量偏高。

Q: 为什么刚发酵出来的熟茶比较燥?

A: 不同的语境下"燥"的意义是不大相同的。

第一种可能是异物感。因为茶里头有灰尘，灰尘可能是微生物的孢子，可能是一些茶叶上脱落的细末，或者就是非茶类的粉末，比如场地上带来的灰尘。这些都会让人觉得有异物感，觉得有点燥。

第二种可能是燥火感。刚刚经历过高温的茶里面，尤其是刚出烘房的饼，由于美拉德反应产生拟黑素，会有一些燥火感。

第三种可能是干涩感。比如儿茶素有疏水键，会使口腔中的黏蛋白脱水。当触到茶汤的口腔内膜失去黏蛋白的润滑，就会产生干涩感。糖苷类物质较多时也会造成口腔内膜短暂的干涩感，但是随后就有清凉感出现。

Q: 熟茶为什么有焦糖香?

A: 标准的焦糖香就是焦糖化反应产物的香气。熟茶加工过程中有两个环节会产生焦糖化反应。

第一，在发酵中，发酵过程中往往温度持续在60℃以上，糖类物质发生焦糖化反应。这一时期的焦糖化反应是无法避免的，对熟茶色泽和香气的形成有一定贡献。

第二，在压完饼之后的烘干过程中，这时候如果温度过高，也会产生焦糖化反应。

304

但这一时期的高温会损耗茶叶的活性物质，干燥过程中产生的拟黑素也会导致品饮中的燥感。

此外，有些茶由于糖类较多，复合其他香气产生的糖香，有时也会被认为是"焦糖香"。

Q: 为什么有些熟茶喝起来会发酸？该怎么处理发酸的茶？

A: 熟茶有一点酸味其实是正常的，因为其中含有不少的有机酸。如果是让人不适发酸，就是有机酸含量过高了。

熟茶在整个发酵过程中，都会不断产生有机酸。直到发酵后期开沟之后，才会通过氧化作用渐渐减少。

一般发酵程度较轻，开沟干燥速度较快的茶，有机酸积累量较大。这样的熟茶初期呈现酸味，需要一段时间散去。酸味散去的时间取决于酸味物质的多少与后期存放条件。通风氧化会散得快一点，但是不建议。

摄影 / 段兆顺

Q: 为什么有些熟茶汤色比较黑，像酱油汤一样？

A: 有一些条件会导致茶汤发黑：

第一，茶多酚氧化程度高，深色的茶色素形成较多。这种茶汤容易暗沉。

第二，后期微生物生长过于旺盛，茶叶细胞破损率过大，溶出过快。（但这其实可以通过冲泡手法控制。）

第三，泡太浓。

第四，泡茶用水或用具有问题，水中铁离子过多，导致茶多酚氧化形成黑色物质。

最常见的问题是第三。

Q：熟茶会有回甘吗？

A：有，而且有回甘对熟茶应该是比较基础的要求。客观来说，现在有回甘的熟茶确实不多，但这是因为过去总认为熟茶是低端茶，长期用料不好。加上熟茶长期以来仅仅满足对港出口，竞争小要求也不高，工艺上没啥进步。现在大家对熟茶的概念有所改变，很贵的原料也做熟茶，工艺也渐渐进步。将来回甘生津的熟茶应该是基本要求。

Q：新的熟茶茶汤为什么比较浑浊？

A：发酵的过程中，微生物不断裂解叶底中的纤维和蛋白质，产生大量小段纤维和蛋白质颗粒。很多小段纤维和蛋白质颗粒还没有小到可溶于水的程度，就形成悬浮物，此时汤色就会浑浊。但是微生物会持续作用，继续分解，会让这些小颗粒进一步分解成溶于水的物质，进而汤色变亮。

摄影 / 黄素贞

Q：熟茶茶汤表面有氤氲，从科学角度怎么解释这个现象呢？

A：这个现象其实说透了非常简单，就是水汽，注意是水汽不是水蒸气。水蒸气无色是看不到的，而水汽是你能看到的白色小水珠就是雾，包括茶汤表面的氤氲，开水会不断蒸发出水汽。

那么为什么氤氲有时候看得见有时候看不见呢？是因为只有当蒸发的速度足够快的时候，积累的小水珠才足够多，你才能看到氤氲。

蒸发的速度与哪些条件有关呢？首先是温差，冬天用沸水冲泡就很容易看到氤氲；第二是茶汤的浓度，溶液的浓度越高蒸发的速度就越快，所以就容易看到氤氲，从这个角度来说能看到氤氲的茶确实有可能是内涵成分比较丰富。另外还是有一点是视觉误差，茶汤的颜色越深就越容易看到氤氲。

摄影／孙老十

Q：熟茶冲泡后，浮于茶汤表面的小小白色颗粒是什么？

A：整个发酵过程当中，微生物是呈更迭式生长的，长到最后一个阶段主体是酵母。

每一个阶段的微生物，一般都比上一个阶段更强势。在酵母之后，还是有更强势的生物会出来吃酵母。

这些小生物和酵母在发酵结束之后，含水率不足时消亡，留下的一些蛋白质就聚成团块。有时肉眼可见，就是浮于茶汤表面的小白点。

随着时间的摆放，一部分会氧化变色形成沉淀物，一部分会溶解。但这个过程比较缓慢。

Q：熟茶真的养胃吗？

A：真的，当然前提是品质别太糟糕。

养胃的原因是熟茶里面已经没有刺激性很强的复杂儿茶素，而含有很多温和的茶多糖。

茶多糖不是多糖而是一种糖蛋白。它的结构相是一些大分子蛋白加上小段的纤维链。茶多糖的滋味是无刺激的，茶多糖的渐渐增加，只会提高茶汤的厚度，几乎是一种纯触觉的享受。

由于茶多糖结构相对稳定，把它吃下去，身体往往不能直接吸收。但这不代表对你没用，这些短链纤维和大分子蛋白对你的肠道菌群十分有用。茶多糖能够给肠道菌群提供食物，帮助肠道菌群改善环境。这一原理与多吃膳食纤维是同理的，而且饮熟茶获取茶多糖对肠胃来说负担更小。肠道环境好了，进一步又会反馈到皮肤、情绪和睡眠。

Q: 熟茶的包裹度是怎么形成的呢？

A：包裹度是审评术语，符合标准工艺的茶一般具备包裹度。包裹度的口感形成机理目前还没有有效的科学解释。有一个猜想是同一类核心口感物质占主导时就会形成包裹度。熟茶是可溶性多糖为口感主导，所以当可溶性多糖足够多时，会形成包裹度。

收藏篇

Q: 熟茶的年份能准确鉴别吗？怎么鉴别？

A: 没有预设条件，凭空猜测的话，是不能鉴别的。

但是如果有一些已知条件，比如知道仓储情况，生产厂家，了解茶叶的来路，那就可以在这个基础上根据茶汤品质做一些更准确的猜测。

一般来说新熟茶汤色相对要沉，老熟茶则越来越亮。新熟茶香气较复杂，老熟茶香气较沉稳。

最后想要做到准确鉴别，还可以参考包装上的生产日期。（前提是厂家诚实）。

Q: 熟茶经过渥堆发酵以后，还有没有越陈越香的陈化空间？

A: 熟茶的发酵过程，本质就是模拟茶叶仓储中的陈化过程。同样原料的茶，单看存放潜力，肯定是生茶的陈化周期更长。但生茶这个周期可能会太长了点，所以我们才需要熟茶。

好的熟茶发酵也并不会消耗完活性物质（糖苷），还是会留有相当的余地。勐海茶厂20世纪80年代的7572与8592如果仓储得当，今年喝起来同样活性十足，还在上升期。

Q: 怎么判断一款熟茶是否具有收藏存放的价值？

A: 根本上要看茶叶中有多少活性保留量。活性保留量就是糖苷类的保留量，需要考察这一款茶的回甘、生津、清凉感，也就是余韵。回甘、生津、清凉感越强烈越持久，就说明后期潜力越大。

摄影 / 段兆顺

Q: 熟茶的存放要不要通风?

A: 普洱茶在存储过程中,主要发生了两条转化的路径,一条是微生物发酵路径,一条是氧化路径。

通风会促进氧化路径的转化。这有好的一方面,就是降低涩感。主要在醒茶的时候需要通风。

但长期的仓储中不建议通风,因为氧化过度会产生氧化味。氧化味主要是指糖类和蛋白质氧化产生的味道,会产生一些酸和胺类,感觉会类似肥皂味、纸箱味。

所以,熟茶的存放要避免过度通风,最好使用一些容器来存放,比如茶叶罐 / 缸、自封袋(最好是质量较好的有防水功能的自封袋)、防水纸箱等等。